Erfolgreich durchs Vorstellungsgespräch

von Tobias Meier

Interview Academy

Der Inhalt dieses Buches und die Tipps und Vorbereitungen sind von uns sorgfältig ausgewählt und geprüft worden. Dennoch können wir keine Garantie für ein erfolgreiches Vorstellungsgespräch oder für die Richtigkeit der Lösungsansätze in der jeweiligen Situation geben. Die Interview Academy, MarketMatch und unsere Teams übernehmen daher keine Haftung für Personen-, Sach- oder Vermögensschäden.

Inhaltsverzeichnis

Einführung

Wir helfen dir bei der Vorbereitung aufs Vorstellungsgespräch

In diesem Buch vermitteln wir dir alles, was du zur optimalen Vorbereitung auf ein Vorstellungsgespräch wissen musst. Die Einladung zum Bewerbungsgespräch ist für dich - wie für die anderen Bewerber auch - zwar schon eine tolle Sache, weil du damit die nächste Stufe auf dem Weg zum Zieljob erreicht hast. Damit stehst du aber auch vor ganz neuen Herausforderungen. Was wird im Vorstellungsgespräch von mir erwartet? Worauf achten die Vertreter der Firma? Wie präsentiere ich mich am besten? Auf all diese Fragen geben wir dir in diesem Buch Antworten.

Warum es die Interview Academy gibt

Die Interview Academy ist aus der Idee entstanden, Studenten, Absolventen und Berufstätigen, die neue Herausforderungen suchen, eine optimale Vorbereitung auf ein Vorstellungsgespräch zu ermöglichen. Wir sind ein junges Team und waren bis vor wenigen Jahren selbst noch in der Situation, uns bei großen Firmen auf Jobs zu bewerben. Die Seite des Bewerbers und die Fragen, die man sich dabei stellt, sind uns daher noch sehr gut bekannt. Seit einigen Jahren sind wir nun selbst in der Position, Mitarbeiter für unsere Teams rekrutieren zu müssen. Daher kennen wir nun auch die andere Seite und wissen, worauf man als Interviewer im Bewerbungsgespräch achtet, und mit welchen Fragen man bestimmte Aspekte bei Bewerbern prüfen kann.

Bei den wenigsten Fragen, die wir heute selbst stellen, lässt sich direkt erkennen, worum es bei der Frage eigentlich geht. Deine bislang größte Herausforderung oder deine Schwächen interessieren den Interviewer dabei zum Beispiel kaum. Bei diesen Fragen geht es viel mehr darum herauszufinden, wie risikofreudig du bist, oder ob du dich kontinuierlich weiterentwickelst.

Wenn du die Hintergründe solcher Fragen kennst, kannst du viel zielgerichteter darauf antworten. Dabei geht es nicht darum, dich zu verstellen; vielmehr sollst du dich von deiner besten Seite zeigen und dem Fragesteller genau die Eigenschaften präsentieren, die mit einer bestimmten Fragen jeweils geprüft werden sollen.

Es gibt viele Ratgeber zum Thema Vorstellungsgespräch, aber leider sind nur wenige davon wirklich gut. Die meisten sind von Karriereberatern geschrieben, die selbst seit Jahren nicht mehr in der Praxis gearbeitet haben, oder schlimmer, die selbst noch nie Mitarbeiter eingestellt haben. So entstehen Sammlungen von oberflächlichen Tipps, die zwar gut gemeint, aber leider häufig falsch sind. Vielleicht hast du selbst schon mal den Tipp gehört, bei der Frage nach der Schwäche eine Antwort zu geben, die auch zu deinem Vorteil ausgelegt werden könnte, wie z.B. Ungeduld oder großer Ehrgeiz. Solche Antworten kennen die Interviewer, und sie werden dir im Bewerbungsgespräch eher schaden als nutzen. Denn mit der Frage möchte ein Interviewer prüfen, ob du kritikfähig bist, dich selbst hinterfragst und kennst, und ob du kontinuierlich an dir und deinen Fähigkeiten arbeitest. Jeder hat Schwächen. Der Interviewer möchte wissen, wie du mit damit umgehst. Und leitet daraus Eigenschaften ab, die für den Job relevant sind. Der Versuch, diese Frage zu umgehen, wird bestenfalls neutral, im schlechtesten Fall negativ bewertet. Wie du souverän auf diese und andere klassische Fragen im Bewerbungsgespräch reagierst, zeigen wir dir in den folgenden Kapiteln.

Wir wünschen dir viel Erfolg bei der Vorbereitung auf dein Vorstellungsgespräch!

Tobias Meier
Interview Academy

Suchst du weitere Informationen
Zum Vorstellungsgespräch?

Die Interview Academy bietet dir einen umfassenden
Video-Kurs zur Vorbereitung.

Besuche uns in der Interview Academy unter:
www.interviewacademy.de

Grundlagen eines erfolgreichen Vorstellungsgesprächs

Ziel eines Vorstellungsgesprächs

Das Ziel eines Vorstellungsgesprächs für das Unternehmen besteht darin, zwei Bereiche deiner Persönlichkeit besser einschätzen zu können: deine Eignung und deine Motivation.

Deine Eignung ist natürlich die wichtigste Voraussetzung für eine erfolgreiche Bewerbung. Kein Unternehmen möchte dich auf einen Job setzen, für den du nicht ausreichend qualifiziert bist, und dessen Anforderungen du nicht erfüllen kannst.

Für den erfolgreichen Verlauf eines Vorstellungsgesprächs ist dagegen deine Motivation viel bedeutender als deine Eignung. Was zunächst widersprüchlich erscheint, macht bei näherer Betrachtung Sinn: deine Eignung geht bereits weitgehend aus deinen Bewerbungsunterlagen hervor. Auf Basis dieser Unterlagen konnte sich die Firma bereits eingehend mit deinem Lebenslauf, deiner Ausbildung, deinen Noten, deinen Zeugnissen aus der Praxis und deinen Erfahrungen auseinandersetzen.

Wärest du nicht grundsätzlich geeignet, dann hätte man dich erst gar nicht zu einem Bewerbungsgespräch eingeladen. Daher sind in der Regel alle Bewerber, die es bis ins Vorstellungsgespräch schaffen, grundsätzlich „geeignet". Im Interview wird diese Eignung zwar durch Fragen und Fallstudien geprüft und bestätigt, und es werden auch die Unterschiede zwischen Bewerbern deutlich; die wichtigste Auswahlstufe für die Eignung ist aber bereits die Bewerbungsmappe.

Wirklich entscheidend ist die Frage nach deiner Motivation, in dieser Position, bei diesem Unternehmen oder in dieser Branche arbeiten zu wollen. Das kann den entscheidenden Unterschied zwischen dir und anderen, fachlich ebenfalls geeigneten Bewerbern ausmachen. Denn im Zweifelsfall kann die Firma einen normal geeigneten, aber hoch motivierten Mitarbeiter innerhalb weniger Wochen oder Monate fachlich ausbilden; ein fachlich perfekt geeigneter, aber weniger motivierter Mitarbeiter dagegen lässt sich nicht so einfach motivieren. Daher besteht eines der Hauptziele der Firmen im Vorstellungsgespräch in der Auswahl motivierter Bewerber.

Dein Ziel für das Interview sollte es daher sein, neben deiner fachlichen Eignung insbesondere deine Motivation für die Stelle und das Unternehmen deutlich zu machen. Darauf kannst du dich vorbereiten, indem du dir im Vorfeld des Gesprächs überlegst, wie du auf die klassischen Fragen antwortest, und welche Aspekte deines Lebenslaufs, deiner Erfahrungen und Charaktereigenschaften du beispielhaft bei typischen Fragestellungen anbringen möchtest.

Eigenschaften, auf die es im Vorstellungsgespräch ankommt

Im Vorstellungsgespräch geht es – entgegen den weit verbreiteten Vorstellungen - nicht um den Inhalt deiner Antworten, also um die detaillierte Beschreibung deiner Praktika oder um die Inhalte der absolvierten Weiterbildungen. Diese Fragen dienen häufig dazu, tieferliegende Eigenschaften und Verhaltensweisen zu prüfen. Dazu gehören z.B. strukturiertes Arbeiten, Ergebnisorientierung, Motivation, Problemlösungsverhalten, Durchsetzungsfähigkeit, Einfühlungsvermögen, die Fähigkeit zu priorisieren usw.

Aber warum wird nicht direkt danach gefragt? Ganz einfach: Jeder Bewerber würde auf die Frage, ob er strukturiert arbeitet, natürlich mit einem *„Ja"* antworten, und entsprechende Beispiele auch schnell finden können. Für den Interviewer ist eine solche Antwort aber wertlos, da er nicht mehr zwischen strukturierten und weniger strukturierten Bewerbern unterscheiden kann.

Zielführender ist es da, eine Frage zu stellen wie *„Erzählen Sie mir von einem komplexen Projekt, an dem Sie gearbeitet haben."* Mit einer offenen Fragestellung wie dieser verfallen sehr viele Kandidaten ins Plaudern und erläutern in großer Detailtiefe, wie sie in einem bestimmten Projekt eine hervorragende und sehr wichtige Arbeit geleistet haben.

Tatsächlich interessiert den Interviewer aber nicht das beispielhaft angeführte Projekt, sondern ob der Bewerber seine Antwort strukturiert, und wie zielorientiert er arbeitet. Nennt er das Projekt und das Ziel, das mit dem Projekt erreicht werden sollte? Geht er auf die Methoden ein, die er zur Zielerreichung genutzt hat, und beschreibt er das erreichte Ergebnis? Fasst er sich kurz und trennt Wichtiges von Unwichtigem? All dies lässt Rückschlüsse auf seine spätere Arbeitsweise zu.

Aufgrund der Fragearten kann es so schnell passieren, dass ein Bewerber denkt, er habe die meisten Fragen sehr gut beantwortet, und er verlässt das Interview mit einem guten Gefühl. Später wundert er sich dann, warum er nicht zu einem weiteren Gespräch eingeladen wird. Der Interviewer dagegen hat ihn während des Interviews anhand von Kriterien bewertet, die dem Bewerber selbst im Gespräch gar nicht bewusst waren.

Daher ist es extrem wichtig, dass du dich auf ein bevorstehendes Vorstellungsgespräch intensiv vorbereitest. Nur so kannst du sicherstellen, dass du weißt, worauf es ankommt, auf welche Eigenschaften oder Kriterien bestimmte Fragen abzielen, und wie du darauf optimal antworten solltest.

Es gibt keine Musterlösung, aber gute Antworten auf typische Fragen

Für das Bewerbungsgespräch gibt es nicht die eine, richtige Lösung. Denn jedes Gespräch verläuft anders, und jeder Bewerber ist anders. Als Bewerber solltest du dich auch nicht verstellen oder vermeintlich „richtige" Antworten auswendig lernen. Eine sehr gute Antwort auf eine bestimmte Frage ist immer ehrlich und wahrheitsgemäß, und auf den Bewerber individuell zugeschnitten. Dennoch folgt sie oft einem ähnlichen Muster, oder sie ist über mehrerer Bewerber hinweg in bestimmten Punkten vergleichbar. Beispielsweise enthalten sehr gute Antworten meistens kurze Beispiele, die eine Aussage untermauern und greifbar machen.

Zu den üblichsten Fragen solltest du dir also im Vorfeld überlegen, wie du darauf antwortest, damit du auch auf die Kriterien, die den Interviewer interessieren, entsprechend eingehst. Passende Beispiele lassen sich ebenfalls im Vorfeld gut vorbereiten und trainieren.

Motivation und Eignung im Vorstellungsgespräch

Im Vorstellungsgespräch zählen zwei wichtige Aspekte: deine Motivation und deine Eignung. Wenn du einem Interviewer im Gespräch also deine hohe Motivation und generelle Eignung überzeugend vermitteln kannst, steht einer Einstellung praktisch nichts mehr im Wege.

Die grundsätzliche Eignung ist wichtig, da die Unternehmen jemanden suchen, der gut in die Firma passt, und der die Aufgaben, die die Stelle mit sich bringt, gut lösen kann. Dafür sind bestimmte Voraussetzungen zu erfüllen und es wird geprüft, ob diese bei den Bewerbern auf eine Stelle gegeben sind. Die Eignung geht oft schon aus den Bewerbungsunterlagen hervor, und von einem Gespräch erhofft man sich tiefergehende Informationen, zum Beispiel um zu verstehen, was wirklich hinter den einzelnen Stationen deines Lebenslaufs steht.

Die Einladung zu einem Gespräch spricht schon mal für deine grundsätzliche Eignung für die ausgeschriebene Position. Bringen mehrere Kandidaten die fachlichen Voraussetzungen mit, wird deine Motivation den Ausschlag geben. Motivation hat folglich einen besonders hohen Stellenwert. Das Unternehmen interessiert, ob du dich bewusst für diese Stelle und diese Branche entschieden hast. Diese Motivation musst du deutlich machen.

Motivation ist im Vorstellungsgespräch demnach wichtiger als fachliche Eignung, denn deine Kompetenzen gehen bereits aus deinen Unterlagen hervor, deine Motivation dagegen nicht. deine Begeisterung für die

Stelle und für das Unternehmen kannst du kommunizieren, indem du dir im Vorfeld genau überlegst, wieso du der Meinung bist, dass gerade dieser Arbeitgeber besonders gut zu dir und deinen Fähigkeiten passt.

Ablauf eines typischen Vorstellungsgesprächs

In der Regel wirst du in einem Vorstellungsgespräch von zwei Personen befragt: Einem Personaler, also einem Mitarbeiter der Personalabteilung, der sich mit den Teams, Vertragsgestaltungen und den Ansprüchen des Unternehmens auskennt, sowie einem Mitarbeiter der Fachabteilung, der verstärkt auf die persönliche und fachliche Eignung achtet sowie darüber hinaus beurteilen kann, ob ein Bewerber in ein bestehendes Team passt und die Anforderungen erfüllen kann.

Die beiden Interviewer ergänzen sich inhaltlich gut. Der Personaler ist gesprächserfahren und kann deine Antworten mit denen anderer Bewerber im Unternehmen vergleichen. Auch die formellen Anforderungen liegen in seinem Aufgabenbereich. Der fachliche Mitarbeiter dagegen ist mit den zukünftigen Aufgaben, dem Arbeitsalltag und den Teamstrukturen vertraut, und seine Fragestellung wird gezielt prüfen, ob deine fachlichen Kompetenzen und deine Persönlichkeit zu den komplexen Anforderungen passen.

Vorstellungsgespräche dauern in der Regel zwischen 45 Minuten und zwei Stunden. Telefoninterviews fallen generell etwas kürzer aus. Je höher in der Hierarchie rekrutiert wird, desto mehr Gespräche fallen in der Regel an, da der Informationsbedarf und die Anforderungen normalerweise auch höher sind.

Zu Beginn versuchen die Interviewer, eine angenehme Gesprächsatmosphäre zu schaffen. Das erreicht man durch Smalltalk kurz vor dem Gespräch, und so genannte Einstiegsfragen am Anfang des Interviews. Dabei sind Einstiegsfragen aber keineswegs unbedeutend. Sie sind für den Bewerber lediglich leicht zu beantworten. Zum Beispiel ist das Durchgehen des eigenen Lebenslaufs oder Werdegangs eine klassische Einstiegsfrage. Natürlich gibt es auch dabei einige Regeln und Besonderheiten zu beachten, die eine gute Antwort ausmachen.

Die Struktur eines Vorstellungsgesprächs gestaltet sich häufig wie folgt:

Einstiegsfragen eröffnen das Vorstellungsgespräch, dem kann auch ein kurzer Smalltalk vorher gehen (z.B. *"Haben Sie gut hergefunden?"* oder *"Waren Sie schon einmal bei uns in der Zentrale?"*).

Anfangs wirst du vielleicht gebeten, auf deinen Lebenslauf einzugehen oder einige Highlights daraus hervorzuheben. Einige Aspekte deines Werdegangs werden im Folgenden intensiver beleuchtet, wobei die Fragen immer spezifischer werden (beispielsweise Verhaltensfragen: Wie verhältst du dich in bestimmten Situationen?).

Nach dem Einstieg ins Gespräch werden verschiedene Themenbereiche abgefragt. Neben dem Lebenslauf können das beispielsweise Fragen zum Arbeitsstil, den eigenen Zielen und der Motivation sein, zu Highlights und Herausforderungen in früheren Stationen, Erfahrungen in bestimmten Bereichen, oder zum Umgang mit Problemen und unbekannten Situationen. Auch gehören Verhaltensfragen *(„Wie würden Sie sich verhalten, wenn..."*) zu den typischen Fragen.
In allen Vorstellungsgesprächen werden häufig gleichartige Fragen gestellt, auf die man sich gut vorbereiten kann.

Klassische Fragen im Bewerbungsgespräch sind unter anderem:

„Erzählen Sie mir Ihren Lebenslauf."
„Was war Ihr größter Erfolg?"
„Was war Ihr größter Misserfolg?"
„Warum gerade dieser Beruf?"
„Was sind Ihre Hobbies und Interessen?"
„Was sind Ihre Stärken und Schwächen?"
„Wie würden Sie Ihre Freunde beschreiben?"
„Wie stressresistent sind Sie?"
„Wie stellen Sie sich Ihre zukünftige Arbeit vor?"
„Wie gehen Sie mit schwierigen Kollegen um?"
„Wo sehen Sie sich in 3, 5, 10 Jahren?"
„Warum wollen Sie wechseln?"
„Warum wollen Sie gerade auf dieser Stelle arbeiten?"
„Haben Sie sich noch woanders beworben?"
„Warum sollten wir uns gerade für Sie entscheiden?"
„Was unterscheidet Sie von anderen Bewerbern?"
„Was sind Ihre Gehaltsvorstellungen?"
„Ab wann sind Sie verfügbar?"
„Haben Sie noch Fragen?"

Zum Ende des Interviews werden die Fragen wieder etwas allgemeiner, und zum Schluss wird dir meist noch die Gelegenheit gegeben, selbst Fragen zu stellen. Über den weiteren Ablauf des Bewerbungsprozesses wirst du dann am Ende des Vorstellungsgesprächs informiert.

Das Telefoninterview

Immer häufiger wird ein Telefoninterview - bzw. telefonisches Vorstellungsgespräch - dem persönlichen Vorstellungsgespräch vorgeschaltet. Die Unternehmen können auf diesem Wege eine Vorauswahl treffen und sparen die Kosten, einen Bewerber anreisen zu lassen.

Bewerbungsunterlagen sind oft nicht allzu aussagekräftig, da man die Unterlagen in Ruhe vorbereiten, und von anderen prüfen und verbessern lassen kann. Daher vermitteln sie zuweilen einen besseren Eindruck, als der Kandidat selbst im Interview hinterlässt. Daher wird gerne eine zweite Vorauswahl per Telefoninterview vorgenommen, bevor ein Bewerber zum persönlichen Gespräch eingeladen wird.

Als Filtervorstufe ist das telefonische Interview kürzer als ein persönliches Bewerbungsgespräch und weniger detailliert. Dein Ziel sollte es dabei sein, einen dermaßen guten Eindruck zu machen, dass du zu einem weiteren, persönlichen Gespräch eingeladen wirst.

Da du bei dieser Gesprächsform für dein Gegenüber nicht nicht sichtbar bist, spricht nichts dagegen, sich einige Notizen oder Stichworte zurechtzulegen. Nutze diese als Gedankenstütze, aber lese nicht direkt ab oder raschele unnötig mit dem Papier. Auch der Lebenslauf darf parat liegen, falls du auf deinen Werdegang eingehen sollst. So kannst du dich aufs Wesentliche konzentrieren und hast z.B. die Zeitangaben als Gedankenstütze vor Augen.

Der Augenkontakt fällt natürlich weg, und als Ausdrucksmittel steht dir praktisch nur deine Stimme zur Verfügung. Sie transportiert im Idealfall Energie und

Freundlichkeit. Wenn du während des Telefonats stehst, statt zu sitzen, wird das Volumen deiner Stimme besser unterstützt, und du klingst „aktiver".

Natürlich solltest du Störungen jeder Art vermeiden, und der Telefon-Akku – sofern erforderlich - sollte ausreichend aufgeladen sein. Suche dir einen ruhigen Platz, an dem niemand im Hintergrund vorbeigeht oder dich sonstwie stören kann. Stelle andere Telefone aus, und sage ggf. den anderen Personen in der Wohnung Bescheid, dass du ein Bewerbungsgespräch führst und nicht gestört werden möchtest.

Damit du bei der Entgegennahme des Anrufs nicht abgehetzt klingst, ist es sinnvoll, sich einige Minuten vor dem Gespräch bereits neben dem Telefon auf die Situation einzustellen. Stelle dir vorsichtshalber ein Glas Wasser zur Seite. Und denk dran: Lächeln ist durchaus hörbar.

Vorbereitung auf das Vorstellungsgespräch

Wie bereite ich mich vor?

Vor dem Vorstellungsgespräch solltest du dich mit den im Vorstellungsgespräch typischen Fragen befassen, um Nervosität von vorneherein abzubauen. Angst und Nervosität kannst du deutlich reduzieren, indem du schon vorab ungefähr weißt, was dich erwartet. Die Interviewpartner werden dir diese ruhigere Grundstimmung anmerken und dir höhere Souveränität im Umgang mit schwierigen Situationen zusprechen. Mangels starker Anspannung wird auch die Qualität deiner Antworten steigen.

Einige Fragen werden in Vorstellungsgespräch besonders häufig gestellt. Daher werden sie als klassische Fragen oder typische Fragen bezeichnet. Mit diesen Fragen solltest du dich vor deinem Vorstellungsgespräch auseinandersetzen. Die Vorteile der Vorbereitung liegen auf der Hand: du kommst nicht ins Stottern oder Grübeln, sondern kannst beispielsweise auf die Frage nach deinen Stärken klar und präzise Auskunft geben. Überlege dir auch immer Beispiele (Projekte, Praktika) aus deinem bisherigen Werdegang, anhand derer du bestimmte Aussagen über Kompetenzen belegen kannst.

Ideal wäre es, wenn du in deinem bisherigen Werdegang nach Anknüpfungspunkten suchst, um deine Eignung zu belegen. Möglicherweise kannst du Praktika vorweisen, die gut zu den Anforderungen der zu besetzenden Stelle passen, und hast so die Möglichkeit, deine Bewerbung als logische Weiterführung dees Lebenslaufes zu präsentieren. Gleichzeitig vermittelst du, dich schon frühzeitig für eine Branche entschieden zu haben und dein Ziel konsequent zu verfolgen.

Generell sind im Vorstellungsgespräch Beispiele hilfreich, die zeigen, dass du konsequente Entscheidungen getroffen hast, und sie dienen der Verdeutlichung deiner Motivation. Auch eine fundierte Sachkenntnis bezüglich des Unternehmens ist im Gespräch von Vorteil. Damit signalisierst du ernsthaftes Interesse und eine hohe Motivation.

Lege dir einige Beispiele zurecht, die dich und deine Eigenschaften positiv beleuchten und die du bei Bedarf einbringen kannst. Wenn du etwa an einem schwierigen oder auch spannenden Projekt teilgenommen hast, solltest du im Gesprächsverlauf unbedingt darauf hinweisen. Möglicherweise kann das Projekt bei einer Frage zu deinen Teamfähigkeiten oder Problemlösungsqualitäten platziert werden. So ist gewährleistet, dass der Interviewer dieses Kapitel kennt und daraus relevante Eigenschaften ableiten kann.

Auch das Thema deiner Bachelorarbeit wird an dieser Stelle gerne als Gesprächsgrundlage genommen, wenn es darum geht, ein Projekt darzustellen, an dem du langfristig gearbeitet hast.

Bei den Überlegungen zu Projekten und Beispielen, auf die du mit Stolz verweisen kannst, sollten aber auch Negativbeispiele nicht fehlen. Fällt dir ein Projekt ein, das nicht abgeschlossen werden konnte? Warum ist es gescheitert? Wie bist du damit umgegangen? Was hast du daraus für Schlussfolgerungen gezogen, die dir in Zukunft helfen? Je mehr Beispiele du dir im Vorfeld überlegst, desto flexibler kannst du sie später im Gespräch einsetzen und zur Illustration deiner Antworten einsetzen.

Zusammenfassend kann gesagt werden, dass deine fachliche Eignung die Voraussetzung für eine Einstellung darstellt. Du solltest deinen bisherigen Werdegang anhand konkreter Beispiele mit Blick auf das Anforderungsprofil der zu besetzenden Stelle darstellen. Welches Wissen und Können du in die Firma einbringen kannst, steht dabei im Mittelpunkt.

Den Ausschlag für eine Einstellung wird aber deine Motivation geben. Auch diese solltest du anhand einiger Beispiele belegen können. Darüber hinaus dient das Vorstellungsgespräch natürlich auch dem Zweck, dich als ganzheitliche Persönlichkeit kennen zu lernen, nicht zuletzt um entscheiden zu können, welcher Bewerber am besten in die Unternehmenskultur, in die Abteilung und in das bereits bestehende Teamgefüge passt.

Gute Teams setzen sich meist aus unterschiedlichen Persönlichkeiten zusammen, sodass sich Fähigkeiten und Charaktere ergänzen. Aus diesem Grund ist es wichtig, dass du ins Team passt, aber auch neue Eigenschaften und Kompetenzen mitbringst und vielleicht sogar eine Lücke füllst. Einer erfolgreichen Bewerbung steht nichts mehr im Wege, wenn du erstens fachlich geeignet bist, zweitens motiviert, und drittens ins Team passt.

Auch Recherchen bezüglich des Unternehmens und der zu besetzenden Stelle gehören zur gründlichen Vorbereitung eines Vorstellungsgespräches. Besuche zu diesem Zweck die Internetseite der Firma, und recherchiere die Unternehmenswerte. Was ist der Firma wichtig, und wie sieht die Unternehmensphilosophie aus?

Analysiere, wie sich das Unternehmen selber sieht und sei informiert über die angebotenen Produkte und Marken. Welche Besonderheiten unterscheiden dieses Unternehmen von den Konkurrenten auf dem Markt? Diese Hintergrundinformationen sollten dir bekannt sein. Es ist sehr wahrscheinlich, dass diesbezüglich konkrete Fragen gestellt werden.

Auch auf die Möglichkeit, zum Ende des Vorstellungsgesprächs eigene Fragen zu stellen, solltest du vorher gut vorbereitet sein. Ein oder zwei Fragen solltest du mindestens stellen. Einerseits, um Interesse am Unternehmen zu bekunden, und andererseits, um eventuell noch offene Fragen zu klären. Grundsätzlich sind dabei Fragen im Hinblick auf das spätere Tätigkeitsfeld oder zu den Entwicklungsmöglichkeiten denkbar. Mehr Informationen dazu erhältst du auf unserer Themenseite „Eigene Fragen im Vorstellungsgespräch“.

Tipps für den Tag des Vorstellungsgesprächs

Folgende Tipps solltest du am Tag deines Vorstellungsgesprächs beachten:

Ausschlafen - Das klingt selbstverständlich, ist aber oft gar nicht einfach. Zum Beispiel, wenn du deinen Gesprächstermin gleich morgens um 9:00 Uhr hast, aber in einer ganz anderen Stadt wohnst. Deine Leistung im Vorstellungsgespräch sollte nicht durch Schlafmangel gemindert werden. Gegebenenfalls lohnt sich die Anreise am vorherigen Tag.

Ernährung – Verzichte nicht auf das Frühstück. Damit du auch im Vorstellungsgespräch eine längere Zeit konzentriert und leistungsfähig sein kannst, brauchst du eine gute Grundlage. Dabei sollte das Frühstück nicht zu reichhaltig ausfallen, um nicht durch das Essen träge zu werden, denn wenn dein Körper auf die Verdauung konzentriert ist, mindert das dein Konzentrationsvermögen im Bewerbungsgespräch.

Pünktlichkeit – Auch dichter Verkehr rechtfertigt kein Zuspätkommen. Wer zu einem Vorstellungsgespräch zu spät kommt, signalisiert in seinem Interesse an der Stelle mangelnde Ernsthaftigkeit. Fahre rechtzeitig los, um dir Stress zu ersparen. Plane darüber hinaus einige Minuten ein, um dich am Empfang zu melden und das richtige Zimmer zu finden. Plane auch einen Zeitpuffer ein, zum Beispiel indem du ca. 15 Minuten vor deinem Bewerbungsgespräch eintriffst. So kannst du dich noch mit den Örtlichkeiten vertraut machen und einmal durchatmen, bevor es ins Gespräch geht. Gehe lieber einmal um den Block spazieren, als abgehetzt oder zu spät zum Termin zu erscheinen.

Berücksichtigst du diese Vorstellungsgespräch Tipps, steht einem konzentrierten und reibungslosen Gesprächstermin nichts im Wege.

Kleidung im Vorstellungsgespräch

Der erste Eindruck, sowie auch der letztendliche Gesamteindruck, sind bei einem Vorstellungsgespräch enorm wichtig. Dieser Eindruck resultiert aus deinem Auftreten. Hierbei spielt auch deine Kleidung im Vorstellungsgespräch eine bedeutende Rolle.

Die richtige Wahl der Kleidung im Bewerbungsgespräch signalisiert, dass du dich mit der Branche und dem Unternehmen befasst hast und weißt, was gesellschaftlich anerkannt und dem Termin entsprechend angemessen ist.

Jede Branche hat dabei ihre eigenen Ansprüche. Zu einem Gespräch in einer Werbeagentur braucht es vielleicht keine Krawatte, um Eindruck zu hinterlassen, in der Bank wäre sie dagegen Pflicht. Es kommt dabei auch auf die zu besetzende Position an. Bewerber auf einen Ausbildungsplatz werden dabei weniger kritisch bewertet, als Fachangestellte oder Trainees.

Die richtige Kleidung für Männer

Für Einstiegspositionen generell empfiehlt sich für Männer der Anzug. Frauen werden nach wie vor auch gern konservativ gekleidet gesehen, im Hosenanzug oder Kostüm. Es gilt die Regel: Lieber zu klassisch angezogen, als zu lässig. Auch dein Interviewer wird einen Anzug tragen. Allein deshalb solltest du gleich gekleidet zum Gespräch erscheinen.

Männer sollten auf Anzüge in gedeckten Farben in Kombination mit weißem oder blauem Hemd und Krawatte zurückgreifen. Dabei sollten dezente Muster gewählt werden, die natürlich nicht zu schrill sein sollten. Lederschuhe sind Pflicht, ebenso der Gürtel, der die gleiche Farbe wie die Schuhe haben sollte. Als Schmuck werden eine Uhr und der Ehering akzeptiert, alle anderen Schmuckstücke solltest du vor dem Termin ablegen.

Die richtige Kleidung für Frauen

Frauen sind im Anzug oder Kostüm passend gekleidet. Die Kleidung darf bei den Frauen durchaus etwas bunter ausfallen, bevorzugt werden aber auch hier eher gedeckte Farben. Die Schuhe sollten ebenfalls aus Leder sein und eine angemessene Absatzhöhe haben. Die Frisur kann offen oder geschlossen getragen werden. Eine geschlossene Frisur wirkt allerdings insgesamt seriöser. Natürlich kannst du eine Handtasche mitbringen. Die Schmuckauswahl sollte dezent sein. Auch hier gilt: Weniger ist mehr.

Berücksichtigst du diese Hinweise, vermittelst du den Eindruck, dass du weißt, wie du angemessen auftrittst und dich entsprechend informiert hast. Das wirkt kompetent und unterstreicht deine Motivation.

Körpersprache und Auftreten

Schon die Art, wie du den Raum betrittst, in dem du dein Vorstellungsgespräch haben wirst, sagt viel über dich aus. Ist deine Körpersprache offen? Lächelst du? Diese Faktoren beeinflussen gleich zu Beginn den Gesamteindruck, den du hinterlässt. Sei dir also dieser Wirkung bewusst und bedenke die Faktoren, die hierbei zählen.

Der erste Blick gilt deinem Gesicht. Komme also direkt mit einem freundlichen Lächeln in den Raum. Das Lächeln muss selbstverständlich natürlich sein und nicht aufgesetzt, und sollte eine offene, positive Ausstrahlung haben.

Der Händedruck ist der zweite Moment der gezielten Aufmerksamkeit. Gehe mit ausgestreckter Hand auf dein Gegenüber zu und achte auf einen festen Händedruck. Dein Handschlag hat maßgeblichen Einfluss auf den ersten Eindruck, da er eine Vorstellung deines Selbstbewusstseins zulässt. All diese Signale werden unterbewusst vom Interviewer aufgenommen. Es gibt kein formales Kriterium „Lächeln“ oder „Händedruck“. Doch gerade solche unbewussten Eindrücke können später ausschlaggebend sein, wie ein Interviewer dich auch bei den inhaltlichen Aspekten wahrnimmt.

Du punktest ebenfalls mit einer offenen Körpersprache. Verschränke deine Arme nicht, und halte deine Schultern eher geöffnet, als dich nach vorne zu lehnen. Dadurch signalisierst du deine Bereitschaft zu einer aktiven Teilnahme an einem offenen Gespräch. Bleibe stets aufrecht in der Haltung, das signalisiert Selbstbewusstsein.

Die Hände sollen nicht in der Hosentasche verschwinden. Lege sie auf den Beinen oder dem Tisch ab. Im Stehen solltest du die Hände nicht verschränken, aber du kannst die Hände durchaus ineinander legen, oder sie neben deinem Körper halten. All das sollte natürlich auch nicht unbequem oder künstlich wirken. Was wie kleine Details wirkt, hat tatsächlich unterbewusst einen großen Einfluss auf deinen Gesamteindruck. Daher kann es sich lohnen, Zuhause vor dem Spiegel einmal die verschiedenen Positionen zu üben, bis du eine bequeme und souverän wirkende Haltung gefunden hast.

Sei auch aufmerksam in Hinsicht auf den Augenkontakt. Schaue deinem Gegenüber direkt in die Augen. Der Augenkontakt sollte jeweils nur kurz unterbrochen und sofort wieder aufgenommen werden. Ist dir das unangenehm, vielleicht zu intensiv, fokussiere einen Punkt zwischen den Augen deines Gegenübers. Dieses Vorgehen hat den gleichen Effekt und wird ihm nicht weiter auffallen.

Augenkontakt ist wichtig, um nicht abweisend oder unnahbar zu wirken. Wenn du diese Tipps zur Körpersprache im Bewerbungsgespräch beachtest, machst du im Wortsinn eine gute Figur.

Fragen im Vorstellungsgespräch

Es gibt eine Vielzahl an klassischen Vorstellungsgespräch Fragen, die immer wieder gestellt werden. Hier stellen wir die häufigsten und wichtigsten Fragen vor.

Einstiegsfragen im Vorstellungsgespräch

Einstiegsfragen sind solche, die du zu Beginn des Vorstellungsgesprächs gestellt bekommst. Ihre Intention ist der lockere Einstieg ins Gespräch. Trotzdem sollten sie nicht unterbewertet werden, sondern vielmehr genauso ernsthaft beantwortet werden, wie normale Bewerbungsfragen. Denn auch wenn es sich um inhaltlich einfache Fragen handelt, die eher wie Smalltalk wirken, sind sie bereits ein Bestandteil des Interviews, und die Interviewer können auf ihrer Basis Eigenschaften wie soziale Kompetenz oder Kommunikationsfähigkeit bewerten.

Der Klassiker der Einstiegsfragen lautet *"Haben Sie gut her gefunden?"*. Details einer tatsächlich schwierigen Anfahrt haben hier nichts zu suchen. Antworte einfach und ehrlich und versuche ein Gespräch ins Laufen zu bringen. So kannst du kurz Bezug auf die gute Vorbereitung nehmen, oder das beeindruckende Bürogebäude erwähnen. Deine Antwort sollte in jedem Fall mehr enthalten als nur ein *"Ja."*. Auch eine Rückfrage ist in Ordnung und wird positiv bewertet. Das kann dann so laufen: *„Vielen Dank, die Anfahrtsbeschreibung der Personalabteilung war sehr gut. Das hat alles gut geklappt. Sie haben ja ein tolles Gebäude hier. Seid wann ist die Zentrale denn hier?"*.

Andere denkbare Einstiegsfragen beziehen sich eventuell auf deine Herkunft. *"Ach, Sie sind auch aus Berlin. Woher denn da genau?"*. Es werden Anknüpfungspunkte gesucht, die ein Gespräch ins Laufen bringen. Auch hier wäre es sinnvoll, eine Gegenfrage zu stellen.

Ebenfalls in diesem Bereich bietet sich unter Umständen ein Smalltalk übers Wetter an. Auch hier wird keine spezielle Antwort erwartet. Aber es wird vorausgesetzt, dass du darauf eingehst und dich auf das Gespräch einlässt.

Überlege dir ruhig im Vorfeld bereits mögliche Reaktionen auf diese typischen Situationen, die aber selbstverständlich nicht auswendig gelernt wirken sollten.

Erzählen Sie mir Ihren Lebenslauf

Eine der beliebtesten Frage im Vorstellungsgespräch ist die nach deinem Lebenslauf oder deinem bisherigen Werdegang. Sie ist ein echter Klassiker, da sie einen leichten Einstieg ins Bewerbungsgespräch ermöglicht.

Die Frage ist bewusst offen gestellt, ist aber sehr wichtig und gibt dir die Chance, bereits an dieser frühen Stelle viele wichtige Punkte wie Erfahrungen oder Eigenschaften zu platzieren. Auch kann der Interviewer bereits hier viele Faktoren bewerten, zum Beispiel strukturiertes Arbeiten, Zielstrebigkeit, Engagement und anderes mehr.

Den Interviewer interessieren an dieser Stelle weniger die Fakten, schließlich hat er deinen Lebenslauf bereits gelesen und vorliegen, sondern er möchte erfahren, ob du geeignet und motiviert bist.

Bei der Frage geht es daher nicht darum, deinen Lebenslauf komplett und chronologisch wiederzugeben. Das ist nicht notwendig, auch wennDdu auf viele Stationen stolz bist. An dieser Stelle kannst du erste berufsrelevante Kompetenzen zeigen, in dem du die Antwort gut strukturierst. Bist du beispielsweise in der Lage, Wichtiges von Unwichtigem zu unterscheiden und Prioritäten zu setzen? Idealerweise präsentierst du im Folgenden diejenigen Highlights deiner Karriere, die für die ausgeschriebene Position von Relevanz sind.

Entscheide dich im Vorfeld, welche Stationen die wichtigsten sind und versuche nicht, alle beruflichen Erfahrungen irgendwie mit in die Antwort einzubauen. Die Perspektive sollte sein: Welche Stationen sind für die

Stelle besonders relevant, und was unterscheidet dich von anderen Bewerbern? Das können das Studium, ein Auslandjahr und das letzte Praktikum sein, wenn es zum Anforderungsprofil der zu besetzenden Stelle passt.

Wichtig ist: Auch wenn explizit nach deinem Lebenslauf gefragt wird, solltest du dich auf die drei wichtigsten Aspekte deines Werdegangs konzentrieren. Idealweise hast du einen roten Faden gefunden, der die drei Elemente verbindet. Das vermittelt den positiven Eindruck, dass du bewusste Entscheidungen getroffen hast, und dass es ein Ziel gibt, das du bewusst verfolgst. Erkläre deine jeweilige Motivation und lasse die Interviewer daran teilhaben, damit sie deine Entscheidungen nachvollziehen können.

Eine Antwort könnte z.B. sein: *„Ich habe Betriebswirtschaftslehre studiert, mit Schwerpunkt Marketing, weil ich mich schon immer dafür begeistern konnte, Marken aufzubauen und Menschen dazu zu bewegen, die eigenen Marken zu kaufen."* Dabei erläuterst du deine Motivation, und solche zielstrebigen und bewussten Entscheidungen werden immer positiv bewertet.

Baue die nächsten Schritte darauf logisch auf. Belege auch hierbei anhand konkreter Bespiele, dass es sich jeweils um bewusste Entscheidungen gehandelt hat, und unterstreiche jeweils die Motivation und die Gründe deines Handelns.

Perfekt wäre es, wenn du ein Ereignis einbeziehst, welches deine Antwort als Ergebnis abschließt. Vielleicht durftest du während eines Praktikums ein Projekt selbständig und ganzheitlich betreuen. Das würde dein zielorientiertes Denken nochmals unterstreichen. Du zählst dann nicht nur auf, was du gelernt hast, sondern kannst darüber hinaus Erfahrungen und Ergebnisse vorweisen.

Dadurch würdest du auch einen Anknüpfungspunkt für weitere Fragen im Verlauf des Vorstellungsgesprächs anbieten. Du ermöglichst dem Interviewer, später noch einmal auf das Thema zurückzukommen, um Details zu erfragen.

Schlage am Ende den Bogen zu der jetzigen Stelle. Binde die ausgeschriebene Stelle so in die Beschreibung deines Werdeganges ein, dass sie der nächste logische Schritt für dich ist. Du kannst auch darauf hinweisen, dass du deine bisher gemachten Erfahrungen in diesem Unternehmen optimal einbringen kannst. So verdeutlichst du deine hohe Motivation, in dem Unternehmen arbeiten zu wollen.

Wenn es dir gelingt, bei der Frage nach dem Werdegang deine Motivation zu kommunizieren, dann hast du schon mit der ersten inhaltlichen Frage viele Anknüpfungspunkte gesetzt und einen sehr guten Einstieg ins Bewerbungsgespräch gefunden.

Was war Ihr größter Erfolg, was Ihr größter Misserfolg?

Die Frage *„Was war Ihr größter Erfolg?"*, bzw. *„Was war Ihr größter Misserfolg?"* zielt nicht auf konkrete Projekte ab, sondern prüft, inwieweit du in der Lage bist zu reflektieren und diejenigen Faktoren zu identifizieren, die für einen Erfolg oder Misserfolg verantwortlich sind. Darüber hinaus ist es für die Interviewer interessant, ob du aus einem Misserfolg lernst und die Einflussfaktoren analysieren konntest, um sie in Zukunft zu vermeiden.

Um bestmöglich auf die Frage nach deinem größten Erfolg oder Misserfolg antworten zu können, solltest du bereits vor dem Gespräch über geeignete Projekte nachdenken, an denen du mitgewirkt hast und anhand derer du konkret Erfolge oder Misserfolge aufzeigen kannst.

Wichtig ist, dass du die Frage an einem Beispiel verdeutlichst. Möglicherweise hast du an einem erfolgreichen Projekt mitgearbeitet, bei dem es dir aber nicht gelang, eine bestimmte wichtige Person von einer Idee zu überzeugen.

Ordne dein Beispiel darüber hinaus in einen Kontext ein, erläutere kurz die Hintergründe und nenne auch das Ziel, sowie die Methoden und Ergebnisse. Zum Schluss gilt es, ein Fazit zu ziehen, um den Bezug zur Frage herzustellen. Schlage daraufhin kurz einen Bogen in die Gegenwart, indem du schlussfolgerst, was du aus deinen Erfolgen oder Misserfolgen gelernt hast und wie du in Zukunft in vergleichbaren Situationen handeln würdest.

Es wäre unglaubwürdig, die Frage nach einem Misserfolg abzuwinken. Jeder hat auch Misserfolge in seinem Werdegang, denn niemandem gelingt immer alles. Schließlich ist das die Art, wie man lernt. Nenne also auch bei der Frage nach den Misserfolgen wenigstens ein Beispiel. Das kann so klein sein, wie das Beispiel, dass du aus Zeitgründen nicht alle gewünschten Themen in deiner Bachelorarbeit berücksichtigen konntest. Identifiziere auch in diesem Fall das Problem, die Hintergründe und das Ziel. Und schließe ebenfalls mit dem Fazit, inwieweit du für die Zukunft daraus gelernt hast.

Warum haben Sie gerade diesen Beruf gewählt?

Mit der Frage *„Warum haben Sie sich gerade für diesen Beruf entschieden?“* möchte der Interviewer ermitteln, wie zielorientiert und bewusst du deine Entscheidungen triffst. Entsprechend sollte deine Antwort nicht unbedingt den Verdacht nahelegen, dass deine Berufswahl dem Zufall oder dem Einfluss Dritter zu schulden ist, sondern vielmehr aufzeigen, dass du den Beruf schon frühzeitig bewusst aus deiner Begeisterung für eine bestimmte Sache heraus gewählt hast.

Interessant ist natürlich auch der Sachverhalt, ob die Gesamtheit deiner Entscheidungen im Lebenslauf stimmig ist, und ob die Entscheidungen idealerweise sogar aufeinander aufbauen. Nenne konkrete Beispiele, die deine Aussagen belegen.

Hintergrund der Frage ist die Prüfung der Ernsthaftigkeit deiner Bewerbung. Ein Unternehmen wünscht sich Mitarbeiter, die sich bewusst für eine bestimmte Stelle entschieden haben und motiviert sind, die eigenen Ziele zu verfolgen. Deine Zielstrebigkeit bei der Stellensuche lässt Rückschlüsse auf deine spätere Arbeitsweise zu.

Was sind Ihre Hobbys und Interessen?

Die Frage nach deinen Hobbys und Interessen rundet das Bild deiner Persönlichkeit ab, sofern du diese Frage gut zu nutzen weißt. Eine gute Antwort vermittelt ein ausgewogenes Persönlichkeitsprofil.

Zähle also nicht allein deine drei Lieblingssportarten auf. Zumal sich auch der Eindruck einstellt, als hättest du jeden Abend einen Sporttermin wahrzunehmen.. Auch das gegenteilige Beispiel ohne jeglichen Ausgleich wäre zu einseitig. Falls du am liebsten liest und im Internet surfst, ließe das die Interpretationsmöglichkeit zu, dass du nur wenige soziale Kontakte pflegst.

Das Bild von dir sollte authentisch und realistisch sein. Und da jeder Mensch eine Vielzahl von Interessen hat, achte darauf, nicht nur Interessen aus einer Sparte wie Sport oder Musik zu nennen, sondern möglichst unterschiedliche Hobbys zu nennen, die sich im Idealfall sogar ergänzen.

Eine gute Antwort wäre beispielsweise die Nennung einer Sportart, eines kreativen Interesses wie das Spielen eines Musikinstruments, sowie einer geselligen Tätigkeit wie Reisen oder Aktivitäten mit Freunden. So entsteht ein ausgewogenes und rundes Bild deiner Persönlichkeit.

Studiendauer und Noten

Im Vorstellungsgespräch kann es auch durchaus zu einigen provokanten Fragen kommen. Etwa *"Warum haben Sie so lange für Ihr Studium gebraucht?"* oder *"Warum sind Ihre Noten so schlecht?"*.

Lass dich von der Kritik in der Frage nicht irritieren, denn ihre Intention ist die Prüfung deines Verhaltens bei heiklen Fragen oder Sachverhalten. Die Interviewer wollen dich also bewusst leicht provozieren, um deine Reaktion zu sehen.

Bleibe bei der Beantwortung selbstbewusst und denke daran, dass der Inhalt der Frage kein K.O.- Kriterium sein kann. Denn hätten gute Noten einen hohen Stellenwert, und deine fallen möglicherweise nicht ideal aus, dann wärest du bereits bei der Sichtung der Bewerbungen durchgefallen.

Gehe also offen und ehrlich mit dem angesprochenen Thema um, indem du möglicherweise einräumst, dich selber über die Noten zu ärgern, aber darauf hinweist, dich mittlerweile auf diesem Gebiet weiterentwickelt zu haben.

Falls es tatsächlich einen Hintergrund gibt, zum Beispiel dass du dich vielleicht im Rahmen eines Praktikums anderweitig engagiert hast, führe diesen Grund an, so dass die Interviewer das Problem besser nachvollziehen können. Ein unsympathischer Professor ist allerdings kein relevanter Grund, klingt nach Ausflüchten und wirft nebenbei kein gutes Licht auf dich, da du die Verantwortung für dein Verhalten einem Dritten zuweist.

Auch die Studiendauer wird gerne als kritische Nachfrage genutzt. Bereite dich also vor, eventuelle Verzögerungen zu erklären. Falls du zum Beispiel ein Auslandsemester absolviert hast, wäre das ein nachvollziehbarer Grund für ein längeres Studium. Gibt es keine relevanten Gründe, bestätige offen und ehrlich, dass du etwas länger als die Regelstudienzeit gebraucht hast und füge eventuell hinzu, dass du es wahrscheinlich heutzutage anders machen würdest.

Nimm also die Kritik an und erkläre deine Bereitschaft, aus früheren Fehlern zu lernen.

Was war das Wichtigste, das Sie gelernt haben?

Diese Frage zielt nicht ausschließlich auf Inhalte ab, sondern vielmehr auf deine Fähigkeit, aus Erfahrungen zu lernen.

Die Interviewer interessiert, ob du in der Lage bist, ein konkretes Beispiel anzuführen und zu reflektieren, was du für dich als Erfahrung daraus mitnimmst, um es in Zukunft in einem anderen Bereich anzuwenden. Dabei muss das Ziel sein, dich kontinuierlich zu verbessern.

Die Unternehmen suchen systematisch nach Mitarbeitern, die einen Fehler zum Anlass nehmen, daraus für die Zukunft zu lernen. Im gleichen Maße sollten erfolgreiche Projekte reflektiert werden können.

Bereite für die Beantwortung der Frage ein Beispiel vor, anhand dessen du erläutern kannst, was dir wichtig ist, und auch warum. Idealerweise schlägst du einen Bogen in die Zukunft, indem du erklärst, dass dir diese Erfahrung noch heute in vergleichbaren Situationen nutzt.

Lass dich nicht unnötig dadurch unter Druck setzen, dass die Frage auf „das Wichtigste" zielt, also die „absolut größte Sache". Was gemeint ist, ist ein Beispiel, aus dem du etwas Relevantes und Wichtiges gelernt hast. Interpretiere die Frage so, dass nach einer von vielen, wichtigen Erkenntnissen gefragt wird. Indem du die Frage für dich abschwächst, wirst du leichter ein passendes Beispiel finden.

Verhaltensfragen: Wie reagieren Sie, wenn...?

Bei Verhaltensfragen geht es um dein Verhalten in bestimmten Situationen. Dazu wird dir nach einer beschriebenen Beispielsituation die Frage gestellt, wie du dich in dieser Situation verhalten würdest. Im Bewerbungsgespräch werden Verhaltensfragen aber auch häufig im Kontext deines Lebenslaufes eingesetzt. Dann wirst du aufgefordert, selbst ein Beispiel oder eine Situation zu beschreiben, in der du z.B. ein Problem lösen, andere von deinen Ideen überzeugen oder ein Projekt unter Zeitdruck fertigstellen musstest. Auch hier geht es dann nach der Situationsbeschreibung um dein Verhalten in dieser konkreten Situation.

Bei Verhaltensfragen geht es nicht explizit um den Inhalt deiner Antwort, sondern vielmehr um deine tatsächliche Reaktion. Sie lässt Rückschlüsse auf abstraktere Eigenschaften wie strukturiertes Arbeiten, Zielorientierung oder dein Durchsetzungsvermögen zu.

Verhaltensfragen sind für die Interviewer wesentlich aufschlussreicher als klassische Fragen. Es steht kein Antworten-Katalog von „richtigen“ oder „erwarteten“ Antworten zur Verfügung, der auswendig gelernt werden kann. Insofern entsteht auch ein realistischeres, unverfälschtes Bild des Bewerbers.

Beispiele für mögliche Verhaltensfragen sind:

„Nennen Sie ein komplexes Projekt, das Sie betreut haben. Wie sind Sie dabei vorgegangen und was waren die Ergebnisse?“

„Erzählen Sie von einem Projekt, das Sie betreut haben und unter Zeitdruck fertigstellen mussten."

„Stellen Sie sich vor, Sie wären in einer Situation, in der Sie drei oder vier Projekte bearbeiten und Ihr Postfach läuft schon über. Dann kommt auch noch Ihr Vorgesetzter vorbei und bittet Sie, noch heute ein weiteres Projekt dringend fertig zu stellen. Wie gehen Sie mit dieser Situation um?"

Es wird also entweder nach einem realistischen Beispiel deiner Vergangenheit gefragt oder eine fiktive Situation kreiert, die einen Bezug zur ausgeschriebenen Stelle hat. Für die Interviewer steht dabei immer dein Verhalten im Fokus, und nicht die ausgewählte Situation.

Bereits deine Antwortweise vermittelt, ob du strukturiert und ergebnisorientiert vorgehst. Deine Äußerungen geben darüber hinaus Aufschluss darüber, ob du in der Lage bist, Prioritäten zu setzen, andere mit einzubinden oder mit Zeitdruck gut umzugehen.

Die Frage zielt also auf zwei Ebenen ab. So kann anhand einer Verhaltensfrage einerseits die Struktur deiner Antwort und zum anderen deine Verhaltensweisen in der beschriebenen Situation, also der Inhalt, beurteilt werden.

Wenn du auf mehrere Verhaltensfragen lösungsorientiert antwortest, kann der Interviewer davon ausgehen, dass du auch in einer Arbeitssituation regelmäßig systematisch an eine Aufgabe herangehst.

Um eine Verhaltensfrage optimal zu beantworten, bietet sich das Antwortmuster Ziel – Methode – Ergebnis an.

Dabei nennst du in der Beschreibung der Situation bereits das von dir verfolgte Ziel. Anschließend gehst du auf die Methoden ein, die du einegsetzt hast, um das Ziel zu erreichen. Ganz am Ende deiner Ausführungen nennst du dann noch einmal konkret die Ergebnisse, die du durch die Anwendung der Methoden realisiert hast. Auch wenn die Ergebnisse schon implizit in deiner Beschreibung enthalten sind, nenne sie noch einmal explizit.

Das Schema Ziel-Methode-Ergebnis lässt sich auf jede mögliche Verhaltensfrage anwenden, unabhängig von der Kompetenz, nach der gefragt wurde.

Ein Beispiel, wie eine Verhaltensfrage nach diesem Muster gut beantwortet werden kann, sieht so:

Frage:

„Erzählen Sie mir von einem Projekt, das Sie betreut haben und unter Zeitdruck fertigstellen mussten.“

Antwort:

„In meinem Praktikum bei der Steinmüller GmbH war es meine Aufgabe, einen Workshop zur Schulung aller Vertriebsmitarbeiter vorzubereiten. Von Briefing bis zum Workshop war nur ein Monat Zeit. [SITUATION] Ziel des Workshops war es, ein neues Software-Tool zur Ertragsoptimierung vorzustellen und die Mitarbeiter zur aktiven Nutzung der Software zu animieren. [ZIEL]

Zunächst habe ich mir einen Überblick über alle anstehenden Aufgaben verschafft. Das reichte von der Organisation eines geeigneten Raums, über die Einladung aller Teilnehmer, bis zu den genauen Inhalten der Schulungsunterlagen.

Anschließend habe ich alle Aspekte in kleinere Aufgaben und Schritte heruntergebrochen und mit der geschätzten Bearbeitungsdauer sowie Deadlines versehen. So teilte sich beispielsweise die Einladung aller Teilnehmer in die Sammlung aller Namen und Adressen, dem Verfassen des Einladungstextes, des Versands und dem Organisieren der Rückmeldungen.

Dann habe ich die Aufgaben in eine sinnvolle Reihenfolge gebracht und zeitlich in einen Projektplan übertragen. So konnte ich immer sehen, ob alle Aufgaben rechtzeitig und vollständig erledigt waren, und ob das Projekt rechtzeitig fertig werden würde. Wenn etwas nicht ganz nach Plan lief, war noch genügend Zeit, entsprechend gegenzusteuern.

Einmal die Woche konnte ich anhand des Projektplans den aktuellen Stand mit meinem Vorgesetzten besprechen. [METHODEN]

Dadurch konnte ich das Projekt rechtzeitig abschließen, und die Schulung war ein großer Erfolg. Das Feedback der Teilnehmer war sehr positiv, und die Nutzung der Software ist von 14% auf 78% gestiegen, und die durchschnittliche Zeit für die Ertragsanalyse ist je Vorgang um ca. 10 Minuten je Analyse gesunken. Daher war der Workshop ein voller Erfolg. [ERGEBNIS]"

Was sind Ihre Stärken und Schwächen?

Die Frage nach den Stärken und Schwächen ist einer der absoluten Klassiker in einem Bewerbungsgespräch. Leider ist es auch die Frage, die am häufigsten falsch beantwortet wird, und zu der es eine Menge gut gemeinter, aber falscher Tipps gibt.

Zu dieser Frage hört man oft, dass man eine Schwäche nennen soll, die auch als Stärke ausgelegt werden kann, wie sehr ungeduldig zu sein, oder mit einem zu hohen Anspruch an Aufgaben heranzugehen. So umgeht man aber nur die eigentliche Frage, mit der der Interviewer ja einen bestimmten Zweck verfolgt. Mit einer solchen Antwort ignoriert man im Grunde die Frage, da man ausweichend antwortet. Ohnehin kennen die Interviewer solche ausweichenden Antworten, da viele Bewerber so antworten. Im besten Fall bewertet der Interviewer die Frage neutral, im schlechtesten schadet dir eine solche Antwort.

Da viele Bewerber die Frage nach den Schwächen falsch beantworten und eine ausweichende Antwort geben, kannst du hier besonders punkten, indem du dich anders verhältst.

Der richtige Umgang mit der Frage nach Stärken und Schwächen ist, diese ehrlich darzustellen. Dabei gibt es ein paar Regeln in Bezug darauf, welche Eigenschaften du auswählst und wie du diese kommunizierst. Hier erfährst du, wie du bei dieser Frage positiv auffällst.

Worum geht es bei der Frage nach den Stärken und Schwächen?

Den Interviewer interessiert nicht der Inhalt deiner Antwort, also worin du besonders gut oder weniger gut bist. Vielmehr prüft er, inwieweit du dir über dein eigenes Profil im Klaren bist, und ob du in der Lage bist, dich und deine Stärken und Schwächen zu reflektieren. Darüber hinaus ist es interessant zu wissen, ob du deine Stärken zu deinem Nutzen gezielt einsetzt, und wie du mit deinen Schwächen umgehst.

Idealerweise hast du eine Stärkenfokussierung, konzentrierst dich also auf Aufgaben, die dir besonders liegen und die dir leicht fallen. Dinge, die dir weniger leicht fallen, vermeidest du soweit möglich. Natürlich sollten deine Schwächen nicht den unmittelbaren Kern deiner Arbeit betreffen. Ein Buchhalter sollte also keine Schwäche im Kopfrechnen angeben, und ein Pilot keine Sehschwäche oder einen fehlenden Orientierungssinn.

Wie beantwortet man die Frage nach den Stärken und Schwächen?

Eine gute Antwort benennt tatsächliche Stärken und Schwächen. Überlege dir im Vorfeld zum Vorstellungsgespräch jeweils drei Stärken und Schwächen, die du auf Anfrage nennen kannst. Denn gerne wird nach der ersten genannten Stärke oder Schwäche nach weiteren gefragt. Das liegt daran, dass mittlerweile jeder Kandidat mit einer vorbereiteten Antwort ins Vorstellungsgespräch kommt. Mit der Rückfrage nach einem weiteren Beispiel wird es für die Interviewer dann erst wirklich interessant – und für so manchen Kandidaten eng.
Eine Schwäche oder Stärke ist immer relativ zu deinen sonstigen Fähigkeiten. Das heißt also nicht, dass du bei einer Schwäche in Zusammenhang mit einer Eigenschaft

besser oder schlechter als jeder andere Bewerber bist, sondern lediglich, dass du eine bestimmte Sache etwas weniger gut beherrscht, als die meisten anderen Dinge, die du kannst.

Wichtig ist, dass du aus einer Schwäche eine Konsequenz ableitest. Das bedeutet, dass du die Schwäche für deine Arbeit irrelevant gemacht hast. Beispielsweise, indem du solange geübt hast, bis die Tätigkeit einigermaßen klappte, oder dass du die Tätigkeit an jemanden anderen abgibst, oder dass du einen Weg gefunden hast, trotzdem gute Ergebnisse zu erzielen.

Bei der Auswahl einer Schwäche sind folgende Punkte zu beachten:

- es ist eine echte, tatsächliche Schwäche von dir
- die Schwäche ist relevant für die Arbeit, betrifft aber nicht den Kern der Aufgabe
- du ziehst eine Konsequenz aus der Schwäche, sodass diese nicht mehr ins Gewicht fällt

Eine denkbare Antwort auf die Frage nach einer Schwäche wäre:

„Ich brauche relativ lange, um einen Text zu lesen. Mir ist das vor zwei Jahren mal aufgefallen, dass ich relativ lange brauche, um einen Text zu erfassen. Im Job muss ich ja viele E-Mails lesen und habe es mal mit Speed-Reading versucht, allerdings nicht sehr erfolgreich. Dann bin ich zum Optiker gegangen und habe festgestellt, dass ich eine Sehschwäche habe und habe mir eine Lesebrille gekauft. Ich merke, dass meine Augen weniger schnell ermüden, und ich die Kontraste auch besser wahrnehme. Dadurch hat sich auch

meine Lesegeschwindigkeit deutlich verbessert. So komme ich jetzt auch schneller durch meine E-Mails und Texte.“

Ähnlich verhält es sich mit deinen Stärken. Auch hier solltest du eine ehrliche Antwort geben und Beispiele von Tätigkeiten benennen, die dir leicht fallen, und die dir eher liegen als andere Aufgaben. Die Stärken können natürlich gerne den Kern der Arbeit betreffen. Bei den Stärken ist es wichtig, dass du ebenfalls eine Konsequenz daraus ableitest. Dabei geht es aber darum, dass du deine Stärke zu deinem Nutzen gezielt einsetzt.

Bei der Auswahl einer Stärke sind folgende Punkte zu beachten:

- es ist eine echte, tatsächliche Stärke von dir
- die Stärke ist relevant für die Arbeit
- du nutzt die Stärke zu deinem Vorteil, und kannst dazu ein Beispiel benennen

Eine denkbare Antwort auf die Frage nach einer Stärke wäre:

„Mir fällt es leicht, mich in andere hinein zu versetzen. Deshalb schaffe ich es oft in Diskussionen, andere von meiner Meinung zu überzeugen, ohne dass sie sich angegriffen fühlen, und ohne dass ich viel argumentieren muss. Ich höre den anderen zu, um ihren Standpunkt zu verstehen, bevor ich meine Argumente anbringe. Dadurch habe ich oft weniger Gegenwind, meine Meinung durchzukriegen. Das war schon oft in Abstimmungsmeetings von Vorteil.“

Wie würden Ihre Freunde Sie beschreiben?

Die Frage *„Wie würden Ihre Freunde Sie beschreiben?"* wird gerne eingesetzt, um mehr über dich und deine Arbeitsweise zu erfahren. durch die Fragestellung änderst du automatisch den Blickwinkel auf dich und kannst informativer über dich erzählen. Schließlich stellen die Angaben ja die Meinung deiner Freunde dar, und nicht deine eigene. Die Antwort fällt dadurch differenzierter aus und der Bezug zur ausgeschriebenen Stelle ist nicht so deutlich, als hätte man dich gebeten, dich selber zu beschreiben.

Die Frage gibt dir die Möglichkeit verschiedene Punkte, die dir wichtig sind, zu platzieren. Überlege dir im Vorfeld, welche deiner Eigenschaften du kommunizieren möchtest.

Eine mögliche Antwort wäre:

"Meine Freunde würden bestimmt über mich sagen, dass ich sehr zuverlässig bin."

Damit diese Äußerung keine Floskel bleibt, solltest du stets ein Beispiel anführen. Das ist auch hilfreich, um der Antwort mehr Tiefe zu verleihen und die positive Eigenschaft für den Interviewer noch eingängiger zu machen. So könnte die Antwort wie folgt weitergehen:

"Ich werde oft von meinen Freunden um meine Meinung gefragt und sie wissen auch, dass ich alle Themen bestimmt immer vertraulich behandele. Und deshalb denke ich, meine Freunde halten mich für einen zuverlässigen Menschen."

Es gibt eine Fülle an Antworten, die du auf diese Frage geben kannst. Dabei sollte es sich immer um ein positives Charaktermerkmal handeln, das du anhand eines Beispiels belegen kannst. Dabei darfst du auch gerne eine Anekdote zur Auflockerung anführen. Schließlich nennst du Beispiele aus dem privaten Bereich, sodass du hier eine Chance hast, noch mehr von deiner individuellen Persönlichkeit zu zeigen. Optimal sind Eigenschaften, die gut zu der ausgeschriebenen Stelle passen.

Eventuell folgt im Anschluss tatsächlich die Frage *"Wie würden Sie sich selbst beschreiben?"*. Dann kannst du auf deine vorherige Antwort Bezug nehmen und sagen *"Da haben meine Freunde schon recht."* Nun hast du die Chance, einen der Punkte mit deiner eigenen Sichtweise auszubauen oder zu vertiefen, oder eine ganz neue Eigenschaft anzuführen, ohne hier die genannten Punkte noch einmal nennen zu müssen.

Wie würden Sie Ihren Arbeitsstil beschreiben?

Einen direkten Bezug zur Arbeit bildet die Frage *„Wie würden Sie Ihren Arbeitsstil beschreiben?"*. Hier kannst du wie auch schon in den Fragen *„Wie würden Ihre Freunde Sie beschreiben?"* und *„Wie würden Sie sich selbst beschreiben?"* positive Eigenschaften kommunizieren. Nutze diese Chance, und überlege dir schon vor dem Vorstellungsgespräch, welche positiven Aspekte du im Gespräch bei solchen Fragen anbringen willst.

Bei der Frage nach deinem Arbeitstil, kannst du beispielsweise deine Stärken einbringen und einen Bezug zum Arbeitsalltag herstellen. Auch hier gilt: Zu jedem genannten Charaktermerkmal solltest du ein Beispiel nennen, um deine Aussage zu belegen und anschaulich zu machen. Wenn du nur Attribute aufzählst, sie aber nicht individuell mit Beispielen belegen kannst, wirkt das schnell unglaubwürdig.

Um dich von anderen Bewerbern zu unterschieden, solltest du dir zwei oder drei Aspekte aussuchen, die für die ausgeschriebene Stelle besonders relevant sind, und diese dann erläutern. Vermeide am besten Aussagen, die viele Bewerber ebenfalls einsetzen, wie „ein guter Teamplayer" zu sein oder „gerne Herausforderungen anzunehmen". Das schadet zwar nicht, differenziert dich aber auch nicht von anderen Kandidaten. Besser ist es, individuellere Beispiele zu nennen.

Bewirbst du dich für den Bereich Projektmanagement, kannst du z.B. anführen:

"Ich arbeite gerne mit anderen Menschen zusammen. Meine Stärke sehe ich darin, andere Menschen zusammenzubringen und sie von Ideen zu überzeugen. Es fällt mir leicht, verschiedene Charaktere zusammenzuführen und zu koordinieren. Dabei habe ich meist eher das Große und Ganze im Blick und schaue, dass jeder seinen Teil zum Ergebnis beiträgt. Sobald eine Deadline in Gefahr ist, versuche ich das mit den Leuten direkt zu klären. So gesehen ist mein Arbeitstil sehr direkt, und sehr kommunikativ."

Diese Antwort bringt gekonnt einige Begriffe unter, die für die vakante Position von Bedeutung sind und bindet sie optimal in ein Beispiel ein, ohne typische Klischees zu bedienen. Dadurch ist sie für den Interviewer auch interessanter, oder sie unterscheidet dich von anderen Kandidaten. Natürlich sollte deine Antwort zu deinem spezifischen Profil passen. Es geht nicht darum, bestimmte Aspekte unbedingt zu nennen, sondern aus deinen individuellen Stärken und Arbeitsweisen diejenigen hervorzuheben, die besonders gut zum Anforderungsprofil passen.

Welche Bedeutung hat Teamarbeit für Sie?

Die Frage *„Welche Bedeutung hat Teamarbeit für Sie?“* zielt direkt auf deine Einstellung zu einer wichtigen Eigenschaft im Berufsalltag ab. Mittlerweile ist in fast jedem Beruf ein gewisses Maß an Teamarbeit und damit auch Teamfähigkeit gefragt.

Natürlich wird niemand im Gespräch angeben, kein Teamplayer zu sein, oder mit Arbeit in Teams ein Problem zu haben. Genau deshalb lautet die Frage auch nicht *„Sind Sie ein Teamplayer?“* oder *„Können Sie gut in Teams arbeiten?“*. Eine solche Frage lässt sich nur positiv beantworten, und das wissen die Interviewer.

Bei dieser Frage geht es also nicht darum, abzuhaken, dass du in Teams arbeiten kannst, sondern darum, mehr über deine Arbeitsweise und deine Zusammenarbeit mit anderen Abteilungen zu erfahren. So kann der Interviewer besser einschätzen, wo deine Stärken und Schwächen in der Zusammenarbeit mit anderen liegen, und ob du gut in eine bestehende Teamstruktur passt. Wenn es im bestehenden Team eine sehr klare Rollenverteilung gibt, du aber gerne ein Projekt ganzheitlich betreust, könnte das schwierig sein. Daher ist diese Information für den Interviewer relevant.

Auch bei dieser Frage ist es erforderlich, dass du deinen Standpunkt anhand von Beispielen darstellst und erläuterst. Falls du schon in früheren Jobs in Teams gearbeitet, dich während deines Studiums in Projektgruppen organisiert hast oder Teamerfahrung anderer Art besitzt, solltest du diese Beispiele nennen und darlegen, wie die Zusammenarbeit jeweils organisiert war. Auch Beispiele aus dem Mannschaftssport können hier genannt werden.

Deine Äußerungen sollten nicht zu extrem sein, weder in die eine, noch in die andere Richtung. Gib eine positive, differenzierte Meinung an, die mit Anforderungen an die Stelle verknüpft ist. Eine differenzierte Meinung bedeutet, dass du z.B. Vor- und Nachteile in bestimmten Situationen abwägst und auch darstellst, wie du die Vorteile nutzt und die Nachteile vermeidest. Grundsätzlich solltest du der Teamarbeit gegenüber aber positiv eingestellt sein. Halte dich mit Kritik also lieber etwas zurück.

Teamarbeit kann gezielt als Tool eingesetzt werden, um ein bestimmtes Ziel zu erreichen. Erkläre beispielsweise, wie du dich bisher gut in Teams einbringen konntest, und dokumentiere das anhand eines Beispiels.

Eine differenzierte und realistische Antwort könnte so aussehen:

„Teamarbeit bedeutet für mich, dass man ein großes Projekt gemeinsam angeht, sich darin gegenseitig unterstützt, aber es ist auch wichtig, dass die einzelnen Teammitglieder gut miteinander kommunizieren und sich in ihren Fähigkeiten und Aufgabenbereichen ergänzen. Die einzelnen Teammitglieder arbeiten alle an einem großen Puzzle, und alle Puzzleteile sollten letztendlich ein roßes Ganzes ergeben. Deshalb sind eine gute und regelmäßige Kommunikation sowie klare, gemeinsame Ziele wichtig."

Den Interviewer interessiert, ob du Teamarbeit sachlich richtig einschätzen und deine Rolle darin einordnen kannst. Eventuell kann es hier Rückfragen geben, etwa wie du dich in Konfliktsituationen innerhalb eines Teams verhältst. In Bezug auf die vorhergehende Beispielantwort könntest du dann z.B. ergänzen, ein auftretendes Problem offen in der Gruppe zu kommunizieren, um gemeinsam nach einer optimalen Lösung zu suchen.

Wie gehen Sie mit Stress um?

Der Umgang mit Stress ist in vielen Berufen eine ständige Begleiterscheinung. In einer immer schneller werdenden Arbeitswelt nimmt die Anzahl an Entscheidungen, die getroffen, und an Aufgaben, die bearbeitet werden müssen, stetig zu.

Daher kommt auch die Frage nach der Stressresistenz, bzw. dem Umgang mit Stress im Bewerbungsgespräch immer öfter vor. Neben der direkten Frage *„Wie gehen Sie mit Stress um?"* gibt es viele Variationen, wie z.B. *„Wie gehen Sie mit Zeitdruck um?"* oder *„Wie priorisieren Sie?"*.

Die Interviewer sind neugierig, ob du eine Strategie hast, mit Stress und Zeitdruck umzugehen, und diese in der Vergangenheit auch schon anwenden konntest. Erfahrung im Umgang mit Zeitdruck, strikten Deadlines oder komplizierten Projekten ist auch hier von Vorteil. Daher solltest du spezifische Beispiele aus deinem Werdegang nennen.

Signalisiere mit deiner Antwort, dass du belastbar bist und Verantwortung für mehrere Projekte parallel übernehmen kannst. Dies wird ohnehin erwartet, und eine aktive Thematisierung hilft dir, im Gespräch einen positiven Eindruck zu hinterlassen. Um deiner Antwort Glaubwürdigkeit zu verschaffen, gehe auch auf die Methoden ein, die du nutzt, um stressige Situationen zu managen und zeige, dass du strukturiert arbeitest. Belege mit Beispielen, dass du diese Verfahren auch schon erfolgreich anwenden konntest.

Eine Antwort, die diese Eigenschaften erfolgreich kommuniziert, könnte folgendermaßen lauten:

„Mit Zeitdruck habe ich kein Problem. Ich bin es gewohnt, unter Zeitdruck zu arbeiten. Zum Beispiel war ich in meinem letzten Praktikum in der Situation, drei Projekte gleichzeitig bis Monatsende abschließen zu müssen. Das hat auch gut geklappt. Um mein Ziel zu erreichen, habe ich die Projekte in mehrere Einzelaufgaben heruntergebrochen und mir einen groben Zeitplan gemacht, bis wann ich was fertig haben musste.

Auch mit dem besten Plan kann es dann trotzdem manchmal stressig werden, wenn sich etwas verzögert oder nicht rechtzeitig fertig wird. Wenn es dann plötzlich eng wird, setze ich Prioritäten und entscheide, was Vorrang hat und welche Aufgaben noch warten können.

So schaffe ich mir Klarheit und kann die Aufgaben strukturiert abarbeiten. Falls es doch mal extrem eng wird, halte ich Rücksprache mit den anderen Beteiligten, die involviert sind oder mit meinem Vorgesetzten, um gemeinsam Lösungen zu suchen. Deshalb würde ich sagen, dass ich kein Problem damit habe, unter Zeitdruck zu arbeiten."

Diese Antwort beinhaltet sowohl ein Beispiel, als auch die Methoden - wie etwa Nutzung eines Projektplans, Priorisierung und Absprache im Team -, und vermittelt somit einen ganzheitlichen, positiven Eindruck deiner Stressresistenz.

Wie motivieren Sie sich?

Diese Frage ist sehr direkt und verfolgt keine verdeckten Ziele. Tatsächlich geht direkt darum, welche Motive dich antreiben. Meisterst du gerne Herausforderungen, lernst du gern Neues, oder motivieren dich Erfolg und Anerkennung?

Darüber hinaus achten die Interviewer darauf, inwieweit du deine eigenen Ziele kennst und ob du bewusst Entscheidungen triffst, um diese Ziele zu erreichen.

Eine Möglichkeit zu antworten wäre:

„Mich motiviert es, ein bestimmtes Ziel vor Augen zu haben. Und es macht mir große Freude, dieses Ziel auch zu erreichen, Stück für Stück darauf hin zu arbeiten, seine eigenen Leistungen auch zu sehen und sich am Ende über ein konkretes Ergebnis auch freuen zu können."

Hier wird tatsächlich kein bestimmter Inhalt gefordert, sondern vielmehr das Wissen um die eigene Motivation, und inwiefern dieses bewusst eingesetzt wird. Neben Herausforderungen und Erfolg könntest du unter anderem auch anführen, dass dich Anerkennung, der Wunsch, sich ständig weiterzuentwickeln, oder die Lust, an etwas Großem mitzuwirken, antreiben.

Der Interviewer zieht daraus seine Schlüsse, nicht zuletzt darüber, ob du Faktoren ansprichst, die später auch im Job relevant sind. Bietet sich also ein Bezug zur Stelle, zur Branche oder zum Unternehmen an, wie z.B. eine Position, in der du schnell Erfolge sehen kannst, so nenne diesen auch direkt.

Gute Entlohnung oder Karrieremöglichkeiten können auch Motivationsfaktoren sein, sollten aber hier nicht genannt werden.

Wie stellen Sie sich Ihre zukünftige Arbeit vor?

Diese Frage zielt ähnlich der Frage *„Wie motivieren Sie sich?“* direkt auf Faktoren ab, die dich motivieren, bzw. mit denen du dich wohl fühlst. deine Vorstellungen zur ausgeschriebenen Arbeitsstelle, zum Arbeitsumfeld und wie du die Zusammenarbeit mit dem zukünftigen Chef siehst, ermöglichen dem Interviewer zu prüfen, wie gut du ins Unternehmen passt.

Die Frage zielt auf einen Abgleich zwischen den Erwartungen des Bewerbers und der tatsächlichen Situation ab. Für die Interviewer ist interessant, ob der Bewerber realistische Erwartungen an das Arbeitsumfeld hat. Die Frage deckt auch die Leistungsbereitschaft des Bewerbers auf. Wer hier zu sehr ins Wunschdenken verfällt und von kurzen Arbeitszeiten, langen Pausen und netten Kollegen schwärmt, wirkt schnell unmotiviert. Besser ist es, über Inhalte zu sprechen und den Fokus auf herausfordernde Aufgaben, spannende Projekte und die Übernahme von Verantwortung zu legen.

Eine Schwerpunktsetzung auf die eigenen Belange kommt im Bewerbungsgespräch generell nicht gut an. Besonders nicht bei der Frage nach dem idealen Arbeitsumfeld, denn hier sollte deine Leistungsbereitschaft im Vordergrund stehen.

Auch mit allgemeinen Themen hebt man sich nicht besonders hervor, indem der Bewerber sich beispielsweise ein angenehmes Arbeitsklima wünscht. Zwar ist solch ein Wunsch nachvollziehbar, aber so etwas an dieser Stelle zu äußern ist unpassend, weil es persönliche Belange widerspiegelt. Für die Interviewer ist das keine relevante oder interessante Aussage.

Zur Beantwortung der Frage sollten positive Dinge aus der Unternehmensperspektive angeführt werden. Eine mögliche Antwort könnte so aussehen:

"Mein zukünftiges Arbeitsumfeld und die Zusammenarbeit mit meinem Chef stelle ich mir so vor, dass ich frühzeitig erste eigene Projekte übernehmen und meine Fähigkeiten schnell einbringen kann. Für Feedback bin ich immer offen. In der Zusammenarbeit mit meinem Vorgesetzten wünsche ich mir regelmäßig Feedback zu bekommen, damit ich mich kontinuierlich weiterentwickeln kann. Das hilft natürlich auch, um möglichst schnell das Geschäft von allen Seiten kennenzulernen. Ich habe auch Lust auf Herausforderungen und würde mich freuen, im Laufe der Zeit größere Projekte zu bekommen. Deshalb wünsche ich mir ein offenes Arbeitsklima und einen Chef, der mich fordert und zugleich auch fördert."

Eine derartige Antwort vermittelt Motivation und die Bereitschaft, sich weiterzuentwickeln bzw. auch Verantwortung für größere Projekte zu übernehmen. Aspekte, die hier als positiv bewertet werden, sind offene Kommunikation, Feedback, Vertrauen und auch Mut, Fehler zu machen und daraus zu lernen. So entsteht der Eindruck einer Persönlichkeit, die das aktuelle Team gut unterstützen kann und sich zugleich selbst weiterentwickeln möchte.

Wie gehen Sie mit Problemen um?

Im Unterschied zu einer Verhaltensfrage, die du mit konkreten Beispielen beantworten kannst, ist bei dieser Fragestellung eher eine eher allgemein gehaltene Antwort angemessen.

An dieser Stelle musst du dein Verhalten im Umgang mit Problemen beschreiben. Eine gute Antwort legt eine Taktik da, wie du mit schwierigen Situationen umgehst. Bleibst du ruhig? Hast du eine bestimmte Herangehensweise, um die Situation zu analysieren? Nutzt du gezieltes Fragen, um das Problem besser zu erfassen? Gerade solche systematischen Vorgehensweisen sind für den Interviewer interessant, denn sie zeigen, dass du mit einer problematischen Situation souverän umgehen kannst. Ergänze deine Antwort dann um ein Beispiel, wie du die beschriebenen Methoden bereits angewadt hast, und mit welchem Ergebnis.

Eine denkbare Antwort wäre:

„Ich versuche erst einmal, das Problem genau zu verstehen. Was könnte die Ursache sein? Warum hat der Plan nicht funktioniert? Wie könnte die andere Person eine Aussage oder ein Verhalten von mir falsch verstanden haben? Gegebenenfalls frage ich dann freundlich nach, oder beschaffe mir noch mehr Informationen über das Problem. Bei größeren Projekten ist es oft so, dass wichtige Einflussfaktoren nicht beachtet wurden. Oft sind auch Missverständnisse oder fehlende Informationen schuld an Problemen. Wenn ich den Eindruck habe, dass ich das Problem verstanden habe, suche ich aktiv nach einer Lösung."

Ein passendes Beispiel zu dieser Antwort wäre:

„Während der Hochrechnung der Umsatzzahlen im letzten Jahr stellte ein Kollege fest, dass die Summen unrealistisch hoch waren. Wir mussten die Analyse innerhalb von zwei Stunden präsentieren und haben versucht, den Fehler zu finden. Dazu sind wir zunächst alle Variablen und Formeln durchgegangen, und haben sie auf ihre Richtigkeit hin untersucht. Anschließend sind wir die Annahmen durchgegangen. Dabei ist uns aufgefallen, dass bei einer der Annahmen ein Zahlendreher vorlag. Der Fehler war schnell behoben, und die Hochrechnung passte."

Deine Antwort kann auch in eine völlig andere Richtung gehen. Vielleicht brauchst du in schwierigen Situationen erstmal Abstand, um einen klaren Kopf zu behalten. Oder du replizierst bei der Fehleranalyse dein Vorgehen und wiederholst jeden Schritt von Anfang an. Hauptsache, es wird insgesamt eine Methode oder ein systematischer Ansatz erkennbar.

Zeige, dass schwierige Situationen für dich zum Arbeitsalltag gehören. Es kann immer mal wieder etwas schief gehen, aber du bist immer in der Lage, einen kühlen Kopf zu bewahren.

Wie gehen Sie mit schwierigen Kollegen um?

Schwierige Kollegen können dir überall begegnen. Häufig ist ein lästiges Verhalten von Kollegen gar keine Absicht, sondern ergibt sich daraus, dass ihr einfach unterschiedliche Charaktereigenschaften besitzt.

Auch bei dieser Frage geht es ähnlich wie in der Frage *„Wie gehen Sie mit Problemen um?"* darum zu bewerten, ob du dich von schwierigen Kollegen einschüchtern oder frustrieren lässt, oder ob du eine Strategie besitzt, die dir im Umgang mit solchen Kollegen hilft.

Zunächst solltest du das Problem anerkennen und vielleicht sogar kurz deine eigene Erfahrung mit dem Thema erläutern. Gehe anschließend auf deine ganz eigene Methode ein, wie du mit schwierigen Kollegen umgehst. Hier gibt es keine richtige oder falsche Antwort, solange deine Methode auf einer sachlichen, konstruktiven Ebene basiert und den Konflikt entschärfen kann.

Auch hier geht es dem Interviewer nur darum festzustellen, ob du mit einer solchen, in der Praxis häufig vorkommenden Situation professionell umgehen kannst. Und diese Professionalität zeichnet sich dadurch aus, dass du sachlich bleibst, der Konflikt die Arbeit nicht berührt und idealerweise aufgelöst werden kann. Das kann z.B. über ein klärendes Gespräch erfolgen.

Eine mögliche Antwort wäre:

„Ich würde mit so einer Situation sehr offen umgehen. Falls es sich um eine Person handelt, mit der ich viele Kontakte habe und Schnittstellen teile, würde ich das offene

Gespräch suchen. Dazu würde ich zuerst das Problem sachlich schildern und würde sicher auch versuchen, die Sichtweise der betreffenden Person zu verstehen.

Ich bin immer der Meinung, dass es besser ist, den Kollegen direkt unter vier Augen anzusprechen, statt eine Situation eskalieren zu lassen. Falls diese Methode nicht erfolgreich ist, würde ich Dritte zu Rate ziehen, also den Vorgesetzten oder einen anderen Kollegen, der eine objektive Sichtweise in das Gespräch tragen kann. In der Vergangenheit hat dieses Vorgehen sehr gut funktioniert."

Diese Antwort zeigt, dass du dich nicht über die Situation ärgerst, sie aber auch nicht ignorierst. Du zeigst dein Bemühen, den Konflikt konstruktiv zu lösen. Aber du hast auch einen Plan, falls dein Vorgehen nicht funktioniert. So funktioniert ein souveräner, professioneller Umgang mit schwierigen Kollegen, und dementsprechend ist es auch eine gute Antwort im Vorstellungsgespräch.

Wie gehen Sie mit Veränderungen um?

Veränderungen im Job sind mittlerweile weit verbreitet, sei es in Form einer Umstrukturierung oder weil du unterschiedliche Projekte übernimmst. Auch eine Versetzung an einen anderen Standort oder ein Wechsel der Position innerhalb des Unternehmens sind möglich. Das Arbeitsumfeld ist dadurch generell sehr dynamisch geworden, und die Frequenz, mit der Mitarbeiter direkt von Veränderungen betroffen sind, hat in den letzten Jahren immer weiter zugenommen.

Bei der Frage *„Wie gehen Sie mit Veränderungen um?"* geht es nicht um konkrete Methoden, sondern der Interviewer will wissen, inwiefern dir Veränderungen Probleme bereiten. Da Veränderungen meist von außen auf dich wirken, kannst du natürlich Strategien anbringen, die dir im Umgang mit Neuem helfen. Das kann beispielsweise so aussehen, dass du versuchst, einen kühlen Kopf zu bewahren, oder dass du immer die positiven Aspekte einer Veränderung in den Vordergrund stellst. Vielleicht verstehst du Veränderungen ja auch als Chance zur Verbesserung.

Der Interviewer achtet darauf, dass du flexibel einsetzbar bist. Du solltest vermitteln, dass Veränderungen für dich nicht negativ belegt sind und du mit einem dynamischen Umfeld gut klar kommst.

Diese Eigenschaft kannst du am deutlichsten kommunizieren, indem du Beispiele aus deinem bisherigen Werdegang anführst, in denen du mit einer Veränderung konfrontiert warst und erfolgreich mit ihr umgegangen bist.

Eine mögliche Antwort könnte lauten:

„Ich kann mit Veränderungen sehr gut umgehen. Ich versuche immer, die positiven Aspekte zu sehen. Oft sind Veränderungen auch Chancen, Dinge besser zu machen. Zum Beispiel habe ich bei meiner Bachelor-Arbeit nach vier Wochen feststellen müssen, dass bereits jemand von einer anderen Hochschule an demselben Thema arbeitete. Dadurch musste ich mein Thema ändern. Nachdem ich mit meinem Professor Rücksprache gehalten hatte, gab er mir ein neues Thema.

Zwar war das eine große Herausforderung für mich, weil ich nach vier Wochen Recherche noch einmal neu anfangen musste. Das war natürlich ärgerlich, aber eine nachvollziehbare Entscheidung. Letztendlich war das auch eine gute Entscheidung. Denn das neue Thema lag mir viel besser, und ich konnte die Recherche-Erfahrung aus dem ersten Thema gut nutzen. Die Chance hat mich dann auch motiviert und letztendlich war ich mit meiner Arbeit sehr erfolgreich und habe auch eine sehr gute Note dafür bekommen."

Anhand eines Beispiels wird die positive Einstellung dargestellt. Darüber hinaus dokumentiert es deinen souveränen Umgang mit einer konkreten Veränderung.

Wo sehen Sie sich in 3, 5, 10 Jahren?

Durch die Frage *„Wo sehen Sie sich in X Jahren?“* erfährt ein Interviewer, ob du dir konkrete Gedanken über deine Zukunft gemacht hast und wie deine Karriereziele aussehen. Planst du, langfristig im Unternehmen zu bleiben? Hast du dich bewusst mit Karrieremöglichkeiten der Firma vertraut gemacht? In welchem Zeitrahmen möchtest du dich weiterentwickeln?

Deine Antwort lässt Rückschlüsse auf deine Ambitionen und deine Zielstrebigkeit zu. Sie weist auf deine Motivation hin. Denn je konkreter du die Frage beantworten kannst, umso besser hast du dich über das Unternehmen informiert. Und das signalisiert ein hohes Maß an Motivation.

Gleichzeitig erfolgt über diese Frage ein Abgleich deiner Vorstellungen mit den tatsächlichen Möglichkeiten im Unternehmen. Wenn du in kurzer Zeit Aufstiegsmöglichkeiten erwartest, das Unternehmen aber für diese spezielle Position einen Mitarbeiter für die nächsten Jahre sucht, würde das an dieser Stelle erkennbar.

Eine gute Antwort bezieht sich konkret auf den erfragten Zeitraum, also z.B. drei Jahre. Falls die Frage offen gestellt ist und nach deinen Zukunftsplänen generell gefragt wird, kannst du deiner Antwort Struktur geben, indem du eine kurzfristige, mittelfristige und langfristige Wunschvorstellung kommunizierst. Bleibe bei der Beantwortung der Frage realistisch, aber trotzdem ambitioniert.

Eine mögliche Antwort könnte so aussehen:

„Ich hoffe, mich in drei Jahren vom Projektmitarbeiter zum stellvertretenden Projektleiter weiterentwickeln zu können. Dafür bin ich bereit, viel zu lernen und mich in neue Bereiche einzuarbeiten. In fünf Jahren würde ich dann auch gerne erste eigene Projekte als verantwortlicher Projektleiter übernehmen und ein interdisziplinäres Team leiten können. In zehn Jahren könnte ich mir vorstellen, eine erfolgreiche Karriere in Ihrem Unternehmen absolviert zu haben und auch eine eigene Abteilung leiten zu können."

Du signalisierst mit dieser Beispielantwort, dass du bereit bist, Verantwortung zu übernehmen und für deine Ziele auch die entsprechende Leistung zu zeigen.

Besonders punkten kannst du, wenn du dich gründlich über die Karrierewege und Hierarchiestufen informiert hast. Falls du dich als Junior Sales Manager bewirbst, strebst du in drei Jahren die Position des Sales Managers oder Senior Sales Managers an. Informiere dich vorab über Internetseiten wie Xing oder LinkedIn über die korrekten Bezeichnungen. Wärest du in zehn Jahren Direktor oder Teamleiter? Wenn du dieses Hintergrundwissen vorweisen kannst, werden deine Motivation und die Ernsthaftigkeit deiner Bewerbung sehr deutlich.

Warum wollen Sie wechseln?

Jobwechsel zwischen verschiedenen Unternehmen sind weit verbreitet. Trotzdem gibt es für Interviewer kaum etwas interessanteres als zu erfahren, warum jemand sein sicheres Umfeld verlässt und sich in einer neuen Firma bewirbt. Falls du dich aus einem bestehenden Arbeitsverhältnis heraus bewirbst, wird dir diese Frage mit Sicherheit begegnen.

Hat dich an der alten Stelle etwas gestört? Oder möchtest du einfach nur mehr verdienen? Oder hattest du gar Probleme in der alten Firma? All diese Punkte haben großen Einfluss auf die Entscheidung darüber, ob du ein geeigneter Kandidat für das neue Unternehmen bist.

Im Fokus stehen hier die Inhalte. Trotzdem solltest du darüber hinaus einige wichtige Details beachten. Äußere dich unter keinen Umständen negativ über deinen aktuellen oder ehemaligen Arbeitgeber. Interna weiterzugeben ist unprofessionell und stellt in der Regel auch einen Vertrauensbruch gegenüber deinem alten Arbeitgeber dar. Darüber hinaus wird dein zukünftiger Arbeitgeber davon ausgehen, dass du dich auch in Zukunft so verhältst und weiterhin Interna weitergibst. So kannst du dich schnell disqualifizieren.

Es gibt zweierlei Arten von Gründen, sich auf eine neue Stelle zu bewerben. Einerseits die aus Unternehmenssicht positiven Gründe ("Pull"-Gründe), die dich zum neuen Unternehmen „hinziehen". Das heißt, du entscheidest dich aktiv, in eine neue Firma zu gehen, weil z.B. das Jobangebot eine neue Herausforderung für dich darstellt, die Aufstiegsmöglichkeiten besser sind oder das Unternehmen einen exzellenten Ruf genießt.

Andererseits die eher negativen "Push-Gründe", die dich vom alten Unternehmen „wegdrücken". Diese sind im bisherigen Unternehmen begründet und geben dir einen Grund, die Firma zu verlassen.

Die Interviewer wünschen sich bei einem Bewerber idealerweise einen „Pull"-Beweggrund, da er eine höhere Motivation signalisiert und eine aktive Entscheidung für den neuen Job zeigt. Auch wenn die wahren Gründe in der alten Firma zu finden sind, so lassen sich doch auch immer positive Gründe für einen Wechsel in die neuen Firma finden. Diese solltest du in deiner Antwort aufführen.

Konzentriere dich bei der Beantwortung der Frage auf die positiven Aspekte des neuen Jobs und gehe bei den negativen Aspekten bezüglich der bisherigen Stelle nicht ins Detail, sofern du dieses Thema überhaupt ansprechen möchtest.

Zu den Vorteilen der vakanten Stelle können unter anderem gute Weiterentwicklungsmöglichkeiten zählen, oder die Tatsache, dass es sich um ein spannendes Aufgabenfeld handelt.

Sei aber darauf vorbereitet, dass es zu Rückfragen kommen kann, wie z.B.: *"Weiterentwicklungsmöglichkeiten? War das im alten Job nicht so?"* Dieses Argument gilt also nur in dem Falle, dass du von einem kleineren zu einem großen Unternehmen wechselst oder darlegen kannst, wo die Unterschiede in den Unternehmen liegen. Deine Äußerungen sollten also stimmig sein. Überlege dir vor dem Gespräch, worin tatsächlich die Vorteile eines Wechsels liegen.

Verdeutliche deine Motivation, in der zukünftigen Stelle voll durchzustarten.

Was hat Ihnen in Ihrem letzten Job gefallen, und was nicht?

In dieser Frage geht es um die Ansprüche des Bewerbers an sein Arbeitsumfeld. Ähnlich wie bei der *Frage „Warum wollen Sie wechseln?"* geht es auch hier um den Abgleich der Erwartungen des Kandidaten mit den tatsächlichen Gegebenheiten im Unternehmen. Gab es im letzten Job Faktoren, die den Bewerber auch in der neuen Firma erwarten? Sind die allgemeinen Erwartungen an das Arbeitsumfeld realistisch?

Darüber hinaus erhalten die Interviewer einen ersten Eindruck über die Vertrauenswürdigkeit der Kandidaten. Die Frage "Was hat Ihnen im letzten Job besonders gefallen, bzw. nicht gefallen?" führt zu einem Gespräch über das frühere Arbeitsumfeld, das Betriebsklima, die Kollegen und den Vorgesetzten. Ein Bewerber, der an dieser Stelle Interna preisgibt oder sich negativ über seinen vorigen Arbeitgeber äußert, macht keinen guten Eindruck.

Antworte freundlich auf die Frage, aber beschränke dich weitgehend auf die positiven Aspekte und gehe nicht auf Interna ein. Stelle die positiven Dinge in den Vordergrund. Gehe dabei auf Dinge ein, die auch in der neuen Firma gegeben sind. Das wertet der Interviewer als einen guten Fit zwischen dir und dem Unternehmen. Wenn möglich, untermauere deine Aussagen mit Beispielen.

Beantworte auch die Frage nach den Nachteilen, bleibe dabei aber distanziert, und wähle Aspekte, die objektiv nachvollziehbar sind und kein schlechtes Licht auf deinen Arbeitgeber werfen. Auch solltest du nur solche negativen

Aspekte anführen, von denen du bereits weißt, dass sie in der neuen Firma nicht relevant sind. Beispiele für negative Aspekte beim alten Arbeitgeber können z.B. fehlende Weiterentwicklungsmöglichkeiten in einer kleineren Firma sein, oder fehlende neue Herausforderungen nach mehreren Jahren der Tätigkeit in der gleichen Branche.

Achte bei deiner Antwort darauf, dass du stets einen vertrauenswürdigen Eindruck vermittelst. Das bedeutet, dass du deine Antworten so wählen solltest, als könnte dein ehemaliger Vorgesetzter in diesem Bewerbungsgespräch dabei sein. Wenn du schlecht über deinen früheren Arbeitgeber redest, wird der Interviewer annehmen, dass du dich zukünftig genauso verhalten wirst, wenn dir etwas nicht passt.

Eine mögliche Antwort auf die Frage *„Was hat Ihnen in Ihrem letzten Job besonders gefallen?"* könnte so aussehen:

"Mir hat besonders gut gefallen, dass ich frühzeitig eigene Projekte übernehmen konnte. So habe ich die Markteinführung einer ganz neuen Produktserie übernommen. So konnte ich zeigen was ich kann, und die Erfolge waren sehr motivierend. Das würde ich mir auch für die Zukunft wünschen."

Eine mögliche Antwort auf die Frage *„Was hat Ihnen im letzen Job nicht gut gefallen?"* könnte so lauten:

"Ich war über sieben Jahre hinweg im Bereich Konzernkommunikation tätig. Die Arbeit hat mir viel Spaß gemacht, aber die Weiterentwicklungsmöglichkeiten waren leider sehr beschränkt. Daher habe ich mich entschlossen, meine Karriere außerhalb des Unternehmens

fortzusetzen, da ich gerne auch neue Bereiche kennenlernen und mich weiterentwickeln möchte."

Was wissen Sie über unsere Firma?

Der Hintergrund der Frage „*Was wissen Sie über unsere Firma?*" ist es, die Vorbereitung des Bewerbers auf das Vorstellungsgespräch zu prüfen. Kennt er die Produkte des Unternehmens, seine Marktposition und die relevanten Wettbewerber? Diese Aspekte sind natürlich kein Selbstzweck, sondern ein Indikator für die Motivation eines Bewerbers.

Jemand, der kaum Hintergrundwissen zum Unternehmen besitzt, ist in der Regel auch weniger motiviert dort zu arbeiten, als jemand, der sich mit allen Facetten des Unternehmens beschäftigt und bewusst entschieden hat, sich gerade hier zu bewerben. Zwar ist ein solides Hintergrundwissen kein relevantes Eignungskriterium, es lässt aber auf eine hohe Motivation schließen und bringt dir daher Pluspunkte im Bewerbungsgespräch. Dein fundiertes Wissen über die Firma ist also ein Weg, um deine Motivation zu kommunizieren.

Deine Antwort auf die Frage sollte die strategische Zielsetzung des Unternehmens berücksichtigen sowie die Entwicklung der letzten Jahre. Was möchte das Unternehmen erreichen? Sind die Hauptthemen die Erschließung neuer Märkte, der Ausbau des Produktportfolios, oder mehr Nachhaltigkeit? Auch die aktuellen Aktivitäten wie neue Produkte, Werbepräsenz oder wichtige Medienberichte über die Firma solltest du kennen. Bei all diesen Themen geht es nicht um Details, sondern um eine grobe Einordnung der Firma und ihrer Ziele im Umfeld des Wettbewerb.

Zur Vorbereitung kannst du die Unternehmenswebsite als Startpunkt nutzen. Dort findest du mit Sicherheit

Informationen über die Produkte der Firma sowie die Unternehmensphilosophie. Eine kurze Internetsuche bei Video- und Nachrichtenseiten gibt dir einen schnellen Überblick über aktuelle Werbung und Medienbeiträge. Idealerweise findest du auch ein Interview mit einem Mitglied der Geschäftsführung, denn hier werden aktuelle und strategische Themen meist thematisiert.

Die Informationen zum Unternehmen solltest du nicht formlos aufzählen, sondern möglichst punktuell platzieren. Das Einstreuen von ein oder zwei Hintergrundinformationen in deine Antworten wirkt viel professioneller als die vollständige Auflistung einer Recherche. Denn selten wird die Frage so direkt gestellt wie hier. Meist taucht das Thema Unternehmenswissen in Kombination mit anderen Fragen auf, beispielsweise wenn es um Projektarbeit geht, um die Struktur der zukünftigen Abteilung oder ähnliches.

Ein Beispiel, wie du dein Hintergrundwissen im Gespräch demonstrieren kannst, könnte so lauten:

„Ich weiß, Sie befinden sich in einem Kopf-an-Kopf-Rennen um die Markführerschaft mit der Cross-Media AG. Ihr Ansatz, sich über einen umfangreichen Installations-Service und Implementierungsschulungen zu differenzieren ist sehr interessant. Ich glaube, dass gerade in einer solchen ganzheitlichen Betrachtung der Kundenprobleme eine große Chance im Markt besteht."

Wie wollen Sie zum Erfolg der Firma beitragen?

Diese Frage zielt auf deine konkreten Fähigkeiten und Eigenschaften ab, verrät aber auch viel darüber, wie motiviert du bist. Denn nur ein motivierter Kandidat hat sich dermaßen detailliert vorbereitet, dass er seine eigenen Fähigkeiten den konkreten Herausforderungen des neuen Jobs oder des Unternehmens zuordnen kann.

Bei der Frage *„Wie wollen Sie zum Erfolg der Firma beitragen?"* solltest du Fähigkeiten oder Eigenschaften anführen, die für die Entscheidung über deine Einstellung relevant sind, wie zum Beispiel frühere Arbeitserfahrungen in der gleichen Branche, die du im neuen Unternehmen anwenden kannst, oder eine Zusatzqualifikation, die ein anderer Kandidat vielleicht nicht hat.

Eine Beispielantwort könnte so lauten:

"Da ich bereits erste Erfahrungen in der Automobilbranche gesammelt habe, kann ich mich bei Ihnen schnell in den neuen Bereich einarbeiten. Außerdem bekommen Sie einen sehr motivierten Mitarbeiter. Ich habe große Lust, eigene Projekte zu übernehmen. Insbesondere den Automatisierungsprozess bei Ihnen in der Produktreihe XH-G finde ich sehr spannend und erkenne darin viele Probleme, die ich damals selbst bei einem Automatisierungsprojekt lösen musste. Gerne würde ich an diesem Projekt mitwirken."

Diese Fakten machen dich interessant und unterschieden dich von Mitbewerbern. Perfekt wäre auch die Einordnung deiner Stelle in die Bedeutung der Abteilung und danach in das Gesamtunternehmen, falls du die exakten Arbeitsinhalte kennst. So zeigst du, dass du über deinen eigenen Arbeitsbereich hinaus auch das große Ganze im Blick hast. Auch das ist ein Differenzierungsfaktor gegenüber anderen Kandidaten.

Warum gerade diese Stelle?

Diese Frage zählt zu den klassischen Fragen im Bewerbungsgespräch. Sie kann in unterschiedlichen Formen gestellt werden, vom direkten *„Warum gerade diese Stelle?"* bis zu etwas detaillierteren Varianten wie *„Warum haben Sie sich gerade hier beworben und nicht bei einem anderen Telekommunikationsunternehmen?"*.

Auch hier geht es wieder um deine Motivation. Der Interviewer möchte erkennen können, dass du dich bewusst für diese Bewerbung entschieden und dich nicht einfach auf jede ausgeschriebene Stelle beworben hast.

Aus deiner Antwort sollte klar hervorgehen, dass du dich bewusst und aus inhaltlichen Gründen für genau dieses Unternehmen bzw. genau diese Stelle entschieden hast. Was reizt dich besonders an der Branche, diesem Arbeitgeber oder an den neuen Aufgaben?

Eine Antwort könnte lauten:

"Die Kenntnisse, die ich bislang im Studium und durch meine Praktika erworben habe, möchte ich hier gerne anwenden und erweitern. Ich glaube, dass ich sehr gut ins Unternehmen passe, denn in meinem letzten Praktikum habe ich mich in einem Projekt intensiv mit dem Thema Prozessoptimierung in der Telekommunikation beschäftigt, und bei Ihnen als Marktführer im Bereich Mobilfunk kann ich diese Erfahrung gut einbringen. Gerade Ihre Produktlinie Terra GX, die schon mit den neuen Standards arbeitet, bietet ja viel Potenzial für die nächsten Jahren. Ich möchte gerne ein Teil davon sein und die Zukunft der Branche aktiv mit gestalten."

Diese Antwort beinhaltet zum einen die Tatsache, dass du dich mit den aktuellen Projekten des Unternehmens beschäftigt hast und zum anderen deine Begeisterung dafür, und den Wunsch, daran aktiv mitarbeiten zu können. So beantwortest du die Frage optimal.

Die detailliertere Variation der Frage mit dem Zusatz oder der Nachfrage *"...und warum nicht woanders?",* geht noch spezifischer auf die Unterschiede des Unternehmens mit der direkten Konkurrenz ein. Deine Antwort sollte dann auch diesen Punkt aufgreifen, und differenzierter und detaillierter auf die ausgeschriebene Stelle statt auf die ganze Branche zugeschnitten sein. Denn mit der Nachfrage möchte der Interviewer wissen, ob du dich möglicherweise auch bei der Konkurrenz beworben hast, und bei welchem der Unternehmen deine Präferenz liegt. Das kann auch direkt über die Frage *„Haben Sie sich noch woanders beworben?"* abgefragt werden.

Haben Sie sich noch woanders beworben?

Die Frage *„Haben Sie sich noch woanders beworben?"* zielt sehr direkt darauf ab zu erfahren, ob du dich auch bei Konkurrenzunternehmen beworben hast. Daneben interessiert sich der Interviewer mit dieser Frage auch dafür, ob du eine Präferenz für das Unternehmen hast, bei dem du dich bewirbst, oder ob es dir nur allgemein um die Branche geht.

Ein weiterer interessanter Aspekt ist, dass die Frage sehr direkt ist und daher auch eine kleine Provokation im Vorstellungsgespräch darstellt. So sieht der Interviewer nebenbei, ob du souverän mit einer solchen Stichelei umgehen kannst. Der Hauptgrund ist allerdings, die Ernsthaftigkeit deines Interesses an der Stelle zu erfahren.

Eine gute Antwort ist offen und ehrlich. Falls du dich noch bei anderen Unternehmen beworben hast, bejahe die Frage ruhig. Gehe aber nicht näher auf die einzelnen Unternehmen ein, um bei Fragen nach deiner Motivation weiter glaubwürdig zu bleiben. Es reicht anzugeben, dass du auch andere Optionen hast und noch weitere Bewerbungen offen sind. Das ist nichts Negatives, denn schließlich wäre es sehr riskant, sich nur bei einem Unternehmen zu bewerben. Daher erwarten die Interviewer auch, dass du weitere Bewerbungen verschickt hast, oder dass du weitere Bewerbungsgespräche führst. Wie viele und bei welcher Firma genau, musst du aber natürlich nicht preisgeben.

Schließe deine Antwort am Ende mit einem Bezug auf die ausgeschriebene Stelle, um gezielt deine Motivation zu unterstreichen, für dieses Unternehmen arbeiten zu wollen.

Eine mögliche Antwort könnte so lauten:

"Natürlich habe ich mich auch noch bei anderen Unternehmen beworben. Mich ausschließlich auf eine Firma zu beschränken halte ich für sehr riskant. Gerade die Stelle bei Ihnen finde ich aber besonders interessant, da ich bereits durch meine letzte Position Einblick in die Arbeit mit den neuen Telekommunikationsstandards bekommen habe, und ich diese Kenntnisse bei Ihnen gerne vertiefen würde."

Warum sollten wir uns gerade für Sie entscheiden?

Auch bei dieser Frage geht es hauptsächlich um deine Motivation. Natürlich ist an dieser Stelle auch deine besondere Eignung für die Stelle wichtig, und diese solltest du auch anführen. Den Unterschied zu anderen Bewerbern wird aber deine Motivation ausmachen, denn grundsätzlich werden fast alle Bewerber geeignet sein, aber nicht jeder betont im Vorstellungsgespräch auch seine hohe Motivation und kann diese auch belegen.

Bei dieser Frage punktest du wenn du verdeutlichen kannst, wie sehr du dich für das Unternehmen begeistern kannst und wie gerne du in der ausgeschriebenen Funktion arbeiten möchtest.

Die Motivation kannst du beispielsweise folgendermaßen ausdrücken:

"Ich habe in meinen Praktika bereits Erfahrungen in dieser Branche sammeln können und habe mich da insbesondere mit den Themen Mitarbeitermotivation und Unternehmenskommunikation beschäftigt, die ja auch für die Stelle bei Ihnen eine hohe Relevanz haben. Da ich mich für die aktuellen Trends im Bereich Mitarbeiterentwicklung sehr interessiere, möchte ich gerne diesen Bereich bei Ihnen aktiv mitgestalten. Motivierte Mitarbeiter sind ein echter Erfolgsfaktor für Ihr Unternehmen, und ich möchte gerne daran teilhaben, dieses wichtige Thema weiter voranzubringen."

Darüber hinaus kannst du einbringen, dass du dich besonders für die Branche interessierst oder dass du dich mit den Inhalten in besonderem Maße identifizieren kannst. Dabei solltest du nicht übertreiben, aber ein Hinweis auf ein hohes persönliches Interesse oder erste Berührungspunkte mit dem Thema in der Vergangenheit können hier Pluspunkte bringen. Argumentiere aber stets aus der Perspektive des Unternehmens. Wenn deine Interessen und die Interessen des Unternehmens sich decken, hast du diese Frage gut beantwortet.

Es ist nicht übertrieben, an dieser Stelle emotionale Formulierungen wie *"das reizt mich sehr"* oder *"das fasziniert mich"* einzubringen. Alle Mittel, deine emotionale Bindung zu verdeutlichen, sind hier erlaubt. Es wäre natürlich übertrieben anzugeben, dass nur diese eine Stelle für dich in Frage kommt und dass sie deinen absoluten und einzigen Traumjob darstellt. Gehe lieber konkret auf einzelne Teilbereiche ein, um deine Begeisterung zu erklären und dabei glaubwürdig zu bleiben.

Im Konsumgüterbereich könntest du folgendermaßen antworten:

"Ich interessiere mich schon seit Jahren für den Konsumgüterbereich, denn ich finde es spannend, dass man die Kunden am Supermarktregal immer wieder davon überzeugen muss, die eigenen Produkte zu kaufen. Ich muss sie immer und immer wieder neu davon überzeugen, bei der eigenen Marke zu bleiben. Diese Herausforderung finde ich sehr spannend."

Der Interviewer kann an deiner Antwort neben deiner Motivation und Eignung auch deine Fähigkeit erkennen, dein Interesse an diesem Bereich auch über einen längeren Zeitraum aufrechterhalten zu können.

Was unterscheidet Sie von anderen Bewerbern?

Diese Frage ist leicht provokant, da du die anderen Bewerber ja gar nicht kennst. Wie du mit einer solchen Frage umgehst, verrät dem Interviewer, wie gut du dich mit den Inhalten des Jobs auseinandergesetzt hast und wie motiviert du bist, aber auch, ob du souverän mit einer so direkten Frage umgehen kannst.

Die direktere Variante dieser Frage lautet: *„Warum sollten wir uns gerade für Sie entscheiden?"* In beiden Varianten geht es neben deiner besonderen Eignung insbesondere um deine Motivation. Denn deine Eignung für den Job ist bereits weitgehend aus deinen Bewerbungsunterlagen hervorgegangen, und deshalb bist du überhaupt erst ins Bewerbungsgespräch eingeladen worden. Wirklich punkten und dich von deinen Mitbewerbern unterscheiden kannst du dich mit Begeisterung für die Stelle, also mit einer überdurchschnittlichen Motivation für den zu besetzenden Job oder das neue Unternehmen.

Gehe in deiner Antwort also kurz auf deine Eignung ein, schlage dann aber schnell einen Bogen zu deiner Motivation als Hauptdifferenzierungsmerkmal:

"Ich würde gerne bei Ihnen arbeiten, weil ich bereits einige Erfahrung in diesem Bereich aus meinen Praktika habe und meine Fähigkeiten gerne bei Ihnen anwenden möchte. Außerdem begeistere ich mich sehr für den Bereich Telekommunikation, weil mich die technischen Aspekte wie die Multi-Plattform-Integration und neue mobile Anwendungskonzepte sehr interessieren.

Während meiner Tätigkeit bei der Extracom AG habe ich in diesem Bereich schon detaillierte Fähigkeiten erwerben können, die ich gerne weiterentwickeln möchte. In der ausgeschriebenen Stelle kann ich meine Fähigkeiten sehr gut einbringen und bei ihren Plattform-Integrationsprojekten anwenden. Ich würde gerne in diesem Bereich zum Erfolg des Unternehmens beitragen."

Was können Sie in den neuen Job einbringen?

Der Hintergrund dieser Frage liegt darin, sehr direkt mehr über deine konkreten Fähigkeiten zu erfahren, die du ins neue Unternehmen einbringen könntest. Interessant ist hierbei zusätzlich, ob du dir deiner Stärken bewusst bist und diese zu deinem Vorteil und dem Vorteil des Unternehmens einsetzt. Indirekt ermöglicht das dem Interviewer auch abzugleichen, ob deine Erwartungen und Kenntnisse über den Job den tatsächlichen Anforderungen der Stelle entsprechen.

Für dich gilt es an dieser Stelle, aus der Perspektive des Unternehmens zu argumentieren und nicht deine eigenen Wünsche in den Vordergrund zu stellen. Stelle diejenigen deiner Kenntnisse und Erfahrungen in den Vordergrund, die für die neue Position relevant sind. Speziell deine bisherigen Erfahrungen über Praktika, vorherige Jobs oder besondere fachliche Qualifikationen sind interessant.

Eine gute Antwort zeigt, dass du mit den Aufgaben, die dich erwarten vertraut bist, und nimmt konkret Bezug darauf. Das kann folgendermaßen aussehen

"Einer der Schwerpunkte der Stelle liegt ja darin, die Schnittstelle zwischen den Abteilungen Marketing und Verkauf zu optimieren, und die Zusammenarbeit und den Informationsfluss zu verbessern. Aufgrund meiner Erfahrung kann ich dazu sehr viel beitragen. In meinem bisherigen Job bei der Intermobil GmbH habe ich zunächst zwei Jahre im Vertrieb gearbeitet, bevor ich zuletzt anderthalb Jahre ein Marketingprojekt geleitet habe. Dadurch kenne ich beide Bereiche und ihre spezifischen

Abläufe sehr gut. Dadurch könnte ich direkt starten und mein Hintergrundwissen aus beiden Bereichen nutzen."

Falls du bisher noch nicht berufstätig warst, lässt sich bestimmt ein entsprechendes Beispiel aus deiner Studienzeit oder einem Praktikum finden, das auf die Jobsituation hin zugeschnitten werden kann. Beziehe auf jeden Fall die Fragestellung auf etwas, dass du schon einmal gemacht hast und unterstreiche dadurch deine Eignung.

Je konkreter und projektbezogener sich deine Antwort auf dein zukünftiges Aufgabenfeld bezieht, desto besser schneidest du bei dieser Frage ab. Auch hier gilt, lieber zwei oder drei passende Beispiele zu nennen, als viele, nicht zusammenhängende Aspekte aufzuzählen.

Was machen Sie, wenn Sie die Stelle nicht bekommen?

Die Frage „*Was machen Sie, wenn Sie die Stelle nicht bekommen?*" prüft, ob du mit dieser leichten Provokation souverän umgehen kannst. Außerdem zeigt sich hier, ob du einen strukturierten Plan verfolgst. Einfach anzugeben, dich dann irgendwo anders zu bewerben, etwa bei Wettbewerbern oder anderen branchennahen Unternehmen, kommt nicht so gut an. So zeigst du dein Interesse an der spezifischen Branche und deine bewusste Entscheidung für gerade dieses Unternehmen.

Führe im Anschluss an die Alternativen aber auch an, dass dich gerade die ausgeschriebene Stelle oder gerade dieses Unternehmen reizt, und benenne die Gründe. So punktest du bei dem wichtigen Kriterium Motivation.

Eine mögliche Antwort wäre:

"Sollte ich die Stelle nicht bekommen, werde ich mich trotzdem weiter in der Automobilbranche umsehen. Ich interessiere mich sehr für das Thema Mobilität und es gibt ja noch den einen oder anderen Konkurrenten von Ihnen, der auch interessant ist. Aber auch einige Zulieferer wären interessant. Aber ich muss schon sagen: Die Stelle bei Ihnen spricht mich besonders an, weil ich zum einen Ihre Marken A und B auf Grund der einzigartigen Technologie sehr spannend finde, und auch die Arbeitsinhalte, die mich hier erwarten. Insbesondere das Automatisierungsprojekt ist für mich eine spannende Herausforderung, an der ich gerne mitwirken würde."

Diese Antwort unterstreicht deine bewusste Wahl der Branche und deine Motivation für die ausgeschriebene Stelle.

Was sollten wir sonst noch über Sie wissen?

Diese Frage ist als offenes Angebot des Interviewers zu verstehen, bei dem du noch einmal Punkte anbringen kannst, die für dich besonders wichtig sind. Das ist nicht nur ein freundliches Angebot, sondern auch eine klare Frage. Denn als Interviewer erwartet man, dass ein Bewerber diese Chance nutzt, und was man an dieser Stelle anbringt, ist für den Interviewer sehr spannend. Was sieht ein Bewerber selbst als wichtigste Punkte an, die er kommunizieren sollte?

An dieser Stelle des Interviews sollten alle wichtigen Informationen ausgetauscht sein. Mit dieser Frage kann also auch freundlich in den Schlussteil des Interviews übergeleitet werden. Trotzdem solltest du diese Chance nutzen, ein letztes Mal deine Motivation deutlich zu machen. Deine Eignung sollte im Interview bereits deutlich geworden sein, deswegen ist an dieser Stelle für den Interviewer nach wie vor wichtig, dass du eine hohe Motivation mitbringst, um sich aktiv für dich als Kandidaten zu entscheiden.

Eine mögliche Antwort wäre:

"Nein, ich glaube, wir haben soweit alles abgedeckt. Es war sehr spannend, mehr über die konkreten Arbeitsinhalte zu erfahren. Insbesondere die Möglichkeit, an der Einführung einer neuen Produktreihe mitarbeiten zu können, reizt mich sehr. Das wäre eine tolle Herausforderung und ich würde mich sehr freuen, wenn ich die Chance bekäme, in dieser Position an der Zukunft Ihres Unternehmens mitwirken zu dürfen."

Falls dir diese abschließende Frage gestellt werden sollte, nutze die Chance, deine Motivation noch einmal kurz und klar darzulegen.

Welche Gehaltsvorstellungen haben Sie?

Das Thema Gehaltsvorstellungen ist für viele Bewerber im Vorstellungsgespräch eine große Hürde. Es ist schwierig, im Bewerbungsgespräch die richtige Balance zu finden, ein attraktiver, passender Kandidat zu sein und sich gleichzeitig nicht selbst gegenüber anderen Kandidaten durch eine zu hohe Gehaltsforderung zu disqualifizieren.

Das Thema Gehalt sollte von dir im Vorstellungsgespräch gar nicht aktiv angesprochen werden. Es liegt am Interviewer, dieses Thema anzusprechen. Insbesondere, da es in deinem Interesse liegt, erst möglichst spät über das Gehalt zu sprechen. Denn je besser dich das Unternehmen kennt, und je größer sein Interesse an dir als Mitarbeiter ist, umso mehr Gehalt kannst du erzielen. Wenn schon früh im Bewerbungsprozess über konkrete Summen gesprochen wird, sind deine Möglichkeiten etwas begrenzter.

Einstiegsgehälter bewegen sich oft in einem festgelegten Rahmen, da die Bewerber meist vergleichbar sind und sich nicht durch jahrelange Erfahrung oder ähnliches voneinander unterscheiden. Trotzdem sind sie oft verhandelbar. Falls du aus einem festen vorigen Arbeitsverhältnis kommst, richtet sich das Gehalt nach deiner Arbeitserfahrung, deinen Kenntnissen - und deinem Verhandlungsgeschick.

Falls dich der Interviewer konkret nach deinen Gehaltsvorstellungen fragt, solltest du aber natürlich auch auf das Thema Gehalt eingehen. Dabei ist es wichtig, dass du eine konkrete Vorstellung hast, aber nicht als Erster eine konkrete Summe nennst. Das muss der Interviewer tun, denn schließlich schreibt er ja die Stelle aus, kennt alle Details der Arbeitsinhalte und hat auch ein entsprechendes Budget zur Verfügung.

Selbstverständlich möchte der Interviewer zunächst von dir eine Summe hören, denn ggf. muss er sein Budget dannnicht voll ausschöpfen und kann dich günstiger als geplant ins Unternehmen holen. Lasse dich daher nicht zu einer Aussage verleiten, sondern spiele „den Ball“ freundlich zurück ins Feld des Interviewers.

Das kann so aussehen:

„Da ich ja die Branche wechsle und meine jetzigen Tätigkeiten kaum mit den zukünftigen vergleichbar sind, macht ein Vergleich mit meinem bisherigen Gehalt wenig Sinn. Wie hoch ist denn die Vergütung, die Sie sich für diese Position vorstellen?“

„Mit wie viel Gehalt ist die Stelle denn bei Ihnen budgetiert?“

„Ich denke, dass Sie den Umfang der Tätigkeit und die Details besser einschätzen können. Welche Vergütung ist denn bei Ihnen für diese Tätigkeit üblich?“

Das kann für einen Moment unangenehm sein, denn beide Seiten möchten nicht den ersten Schritt machen. Für dein zukünftiges Gehalt ist es aber wichtig, hier nicht einzuknicken und auf ein Angebot des Arbeitgebers zu warten.

Wenn der Interviewer dir eine Summe oder eine Spanne nennt, kannst und solltest du dazu natürlich Bezug nehmen. Dazu musst du dir bereits im Vorfeld überlegt haben, wie dein Gehaltswunsch aussieht und welchen Betrag du mindestens erreichen willst.

Recherchiere dazu im Internet, welche Vergütung in dieser Branche, dieser Unternehmensgröße und dieser Region für eine vergleichbare Stelle mit Ddeiner Erfahrung und Ausbildung üblich ist. Aufbauend auf diesem Referenzwert kannst du dann deine persönliche Eignung, deine Fähigkeiten und besonderen Qualifikationen in deine eigene Bewertung mit einfließen lassen. Wenn du zusätzliche Erfahrungen oder Qualifikationen mitbringst, die für die Stelle relevant sind, kannst du sie später im Gespräch als Argument nutzen und so ggf. ein höheres Gehalt erzielen.

Bewirbst du dich zum Beispiel in der Kommunikations- und Medienbranche und findest heraus, dass das Einstiegsgehalt bei 30.000€ bis 35.000€ brutto im Jahr liegt, ergänzt du diese Erkenntnis durch weitere Eckdaten. Die Gehälter in Großstädten liegen meist über dem Durchschnitt. Und größere Firmen zahlen mehr als kleinere. So kann das Gehalt für ein großes Medienunternehmen in der Großstadt dann eher bei 35.000€ bis 40.000€ liegen.

Überlege dir, in welchem Bereich du liegen möchtest und welche Ansprüche realistisch sind. Auch deine absolute Untergrenze sollte dir bewusst sein. Das ist der Betrag, unter dem du die Stelle keinesfalls akzeptieren würdest.

Gib immer eine Spanne von ca. +/-5.000€ an und nenne den Brutto-Verdienst pro Jahr. Gibst du eine Bandbreite an statt zu sagen *"ungefähr 33.000€"*, ist das Gehalt auch nach oben verhandelbar, und du lässt mehr Spielraum für ein Gegenangebot des Arbeitgebers. Ein exakter Betrag kann endgültig wirken und ein konstruktives Gespräch über das Gehalt verhindern.

Falls du einen Gehaltswunsch formulierst angibst, der weit über dem Betrag liegt, den das Unternehmen zu zahlen bereit ist, kann dieser Punkt für deine Einstellung zum Problem werden. Verkaufe dich aber auch nicht unter Wert, denn das Gehalt, das du hier verhandelst, beeinflusst für die nächsten Jahre deinen Verdienst. Du kannst also durchaus selbstbewusst vermitteln, dass du weißt was deine Arbeit wert ist, und signalisierst dadurch auch eine gründliche Vorbereitung, was sehr professionell wirkt.

Neben dem reinen Bruttogehalt hast du auch die Möglichkeit, andere Gehaltsbestandteile wie einen Bonus oder Vergütungen wie ein Firmenfahrzeug oder ein privat nutzbares Smartphone zu verhandeln. Dabei haben Unternehmen und die Personaler meist etwas mehr Verhandlungsspielraum als beim reinen Entgelt.

Ab wann sind Sie verfügbar?

Zum Schluss des Vorstellungsgesprächs wird häufig gefragt, ab wann du für die neue Stelle verfügbar bist, also ab wann du im neuen Job starten kannst. Die Frage ist sehr direkt und ohne versteckte Intention. Es geht um deine Verfügbarkeit und darum zu sehen, ob du beim Starttermin flexibel bist, also z.B. früher als geplant starten könntest, oder ob du bis zu einem bestimmten Termin noch vertragliche Verpflichtungen hast.

In der Vorbereitung auf dein Bewerbungsgespräch musst du dir über deinen frühestmöglichen Starttermin Gedanken machen, und diesen dann hier auch anbringen. Wenn du gute Gründe für einen späteren Starttermin hast, gib sie hier ebenfalls an. Wenn du beispielsweise nicht weißt, wann die mündliche Prüfung deiner Bachelor-Arbeit sein wird, kannst du das hier ruhig benennen. Gib aber auch das wahrscheinliche Datum an, wann du kannst. Ggf. kann dir der neue Arbeitgeber auch entgegenkommen, z.B. mit einer Freistellung für die mündliche Prüfung.

Für den Fall, dass du dich in einem nicht nicht aufgelösten Beschäftigungsverhältnis befindest, informiere dich vorab über deine vertragliche Kündigungsfrist. Kannst du deinen alten Vertrag innerhalb von 3 Monaten kündigen, oder ist dies nur zum Quartalsende möglich?

Das sind wichtige Faktoren, denn dein potenzieller neuer Arbeitgeber muss ja auch mit dir planen können. Liegt dein frühester möglicher Startzeitpunkt zu weit hinten, kann es z.B. schwierig werden, falls jemand für ein sofortiges Projekt gesucht wirst. Daher ist die offene Kommunikation über die Verfügbarkeit sehr wichtig.

Du kannst beispielsweise so antworten:

"Idealerweise würde ich ab Oktober starten können. Ich bin grundsätzlich auch flexibel, allerdings steht im September noch meine mündliche Abschlussprüfung an. Wenn es aber für Sie wichtig ist, dass ich bereits früher starte, könnte ich bereits im August oder September starten. In dem Fall müsste ich die mündliche Prüfung nach Arbeitsbeginn ablegen und mir da einen Tag Urlaub nehmen. Das wäre aber auch eine Lösung."

Überlege dir vor dem Gespräch auch, ob du zwischen den beiden Jobs, bzw. zwischen der Ausbildung oder dem Studium und dem Job noch eine Pause einlegen willst. Die Chance auf einen längeren Urlaub bietet sich so schnell nicht wieder. Diese Zeit musst du dann natürlich mit einkalkulieren und einen entsprechend späteren Starttermin nennen. Hast du dem Unternehmen erst einmal ein Startdatum genannt, solltest du auch dabei bleiben.

Eigene Fragen

Fast jedes Bewerbungsgespräch endet mit der Möglichkeit, noch eigene Fragen stellen zu können. Tatsächlich ist das kein gut gemeintes Angebot, sondern die letzte wichtige Frage für den Interviewer. Denn an den eigenen Fragen eines Bewerbers kann der Interviewer erkennen, welche Dinge ihm wichtig sind, und wie sehr sich ein Kandidat mit dem Unternehmen befasst hat.

Natürlich hast du an dieser Stelle die Möglichkeit, offene Punkte zu klären, die dir wichtig sind. Viel wichtiger ist aber die Gelegenheit, nochmals aktiv dein Interesse an gerade diesem Unternehmen zu bekunden, indem du gezielt auf das Unternehmen und die Stelle zugeschnittene Fragen stellst, die dem Interviewer dein besonderes Interesse verdeutlichen. Denn anhand der Fragen sieht der Interviewer, ob du dich im Vorfeld mit dem Unternehmen beschäftigt hast, und wie hoch deine Motivation ist, gerade dort zu arbeiten.

Um einen guten Gesamteindruck zu hinterlassen solltest du Fragen stellen, die auf ein ernsthaftes, langfristiges Interesse an einer Arbeit im Unternehmen schließen lassen. Eine gute Antwort, bzw. in diesem Fall eine gute Frage, befasst sich mit den konkreten inhaltlichen Aufgaben der Position, mit den Weiterentwicklungsmöglichkeiten im Unternehmen und im Job, Details zur Teamstruktur oder den Zielen des Unternehmens. Überlege dir zwei bis drei eigene Fragen, die in diesen Bereich gehen.

Eine mögliche eigene Frage wäre zum Beispiel:

"Wie sehen die Weiterentwicklungsmöglichkeiten in dieser Position aus?"

Diese Frage zeigt, dass dein Interesse am Unternehmen langfristig ist und über die jetzige Stelle hinaus geht.

Eine andere Möglichkeit wäre:

"Können Sie noch etwas detaillierter auf das Team eingehen? Mit wem würde ich denn da zukünftig zusammenarbeiten und was sind die Schnittstellen zu anderen Bereichen?"

Diese Frage zeigt, dass du dich für die Inhalte interessierst und bereits genau mit der ausgeschriebenen Stelle auseinandergesetzt hast.

Weitere Möglichkeiten wären:

"Wenn ich jetzt an die nächsten zwei bis drei Jahre denke, was wären die größten Herausforderungen, mit denen ich in der Position zu tun haben würde?" oder *"Wie schätzen Sie die Entwicklung des Marktes und des Wettbewerbs gerade ein? Sind da neue, große Projekte zu erwarten?"*

Diese Fragen beschäftigen sich alle mit den Themen zukünftige Arbeitsstelle/ Unternehmensausrichtung, und sind deshalb gut geeignet.

Vermeide dagegen Themen, die zu sehr auf dich ausgerichtet sind. Frage also beispielsweise in einem Vorstellungsgespräch nicht nach dem Gehalt oder nach Einrichtungen oder Regelungen für Raucher. Auch Fragen zur Kantine, sportlichen Einrichtungen und Arbeitszeiten solltest du an dieser Stelle nicht anbringen. Sonst entsteht der Eindruck, dass du mehr an deinem eigenen Wohlbefinden interessiert bist, als an der Stelle. Ein Bewerbungsgespräch ist nicht der richtige Moment, um diese Themen zu klären.

Auch Fragen, die du dir selbst beantworten könntest, indem du beispielsweise die Internetseite des Unternehmens besuchst, werden als unpassend eingestuft und zeigen nur deine mangelnde Vorbereitung. Nutze also die Gelegenheit, deine Motivation anhand gut platzierter Fragen zu zeigen.

Unzulässige Fragen im Vorstellungsgespräch

Einige Fragen dürfen aus rechtlichen Gründen während eines Vorstellungsgesprächs nicht gestellt werden. Diese Fragen werden „unzulässige Fragen" genannt. Über diesen Themenbereich solltest du gut informiert sein.

Hintergrund ist das Allgemeine Gleichbehandlungsgesetz, das dafür sorgt, dass niemand in unserer Gesellschaft aufgrund einer bestimmten Eigenschaft oder Einstellung benachteiligt werden darf (z.B. Behinderte oder Schwangere). Dementsprechend wäre es unzulässig, einen Bewerber oder eine Bewerberin nach einem eventuellen Kinderwunsch zu befragen. Das Gesetz hat das Ziel, „Benachteiligungen aus Gründen der Rasse oder wegen der ethnischen Herkunft, des Geschlechts, der Religion oder Weltanschauung, einer Behinderung, des Alters oder der sexuellen Identität zu verhindern oder zu beseitigen." (Paragraph 1, AGG).

Die Frage nach gesundheitlichen Einschränkungen oder Behinderungen kann in bestimmten Branchen zulässig sein, wenn das für den Beruf relevant ist. Bewirbt sich jemand auf die Stelle als Pilot, darf also nach Krankheiten wie Epilepsie gefragt werden, da dies für die erfolgreiche Ausübung des Berufs einen wichtigen Faktor bildet.

Bist du mit einer derartigen Frage konfrontiert und blockst einfach mit den Worten *"Brauche ich nicht zu beantworten"* ab, kann das Gespräch unter Umständen eskalieren. Klüger ist es, die Frage mit einer freundlichen Bemerkung bezüglich der Relevanz zu umgehen, oder du antwortest dezent ausweichend (*"Eine Familie könnte ich mir generell vorstellen, aber nicht in nächster Zeit."*).

Wenn die Frage gesetzlich nicht zulässig ist, darfst du auf die jeweilige Fragen sogar bewusst falsch antworten. Damit soll verhindert werden, dass sich Bewerber unter Druck gesetzt fühlen, wenn die Frage dennoch gestellt wird. Dadurch, dass ein Bewerber hierbei falsche Angaben machen darf, wird die Frage für die Interviewer nicht mehr auswertbar, und daraus entsteht ein Mechanismus, das Thema gleich aus Bewerbungsgesprächen zu verbannen.

Natürlich bezieht sich dieser gesetzliche Schutz nur auf unzulässige Fragen im Bewerbungsgespräch. Unzulässige Themen sind beispielsweise die Religionszugehörigkeit, sexuelle Orientierung, Zugehörigkeit zu Vereinen, und Behinderungen.

Es kann hier aber im Einzelfall auch Ausnahmen geben, wie das Beispiel der Piloten oben zeigt. Auch darf beispielsweise eine kirchlich getragene Institution nach der Zugehörigkeit zu der Glaubensgemeinschaft fragen.

Ansonsten darf während des Gesprächs natürlich nicht gelogen werden. Eine Lüge kann zur Auflösung deines späteren Arbeitsvertrages führen. Daher konsultiere im Zweifelsfall unbedingt einen Rechtsanwalt, wenn du dir nicht sicher bist, ob eine Frage unzulässig ist.

Über uns

Die Interview Academy ist aus der Idee entstanden, Studenten, Absolventen und Berufstätigen die eine neue Herausforderung suchen die bestmögliche Vorbereitung auf ein Vorstellungsgespräch zu ermöglichen.

Es gibt viele Ratgeber und Internetseiten zum Thema Bewerbung. Leider lässt die Qualität oft zu wünschen übrig, oder die vermeintlichen Tipps sind oberflächlich oder inhaltlich falsch. Viele der Autoren solcher Ratgeber kommen selbst nicht aus der Praxis, und geben daher gut gemeinte, aber oft irreführende Anleitungen.

Wir von der Interview Academy sind selbst in Eurer Situation gewesen und haben erst vor wenigen Jahren selbst viele Bewerbungsgespräche geführt. Wir arbeiten in den großen Unternehmen, die als Bewerber besonders attraktiv sind, und wir sind heute selbst in der glücklichen Lage, Mitarbeiter auszuwählen und Interviews zu führen.

Wir bringen Erfahrung mit Unternehmen wie Unilever, Daimler, Roche oder Henkel mit. Wir sind selbst durch Auswahlrunden und Bewerbungsgespräche der Top-Arbeitgeber gegangen, sind an mancher Hürde gescheitert (heute wissen wir, warum), und haben viele Hindernisse erfolgreich gemeistert. Wir haben in den Bereichen Marketing, Verkauf, Finanzen, Qualitätsmanagement und Beratung namhafter Unternehmen gearbeitet.

Und wir möchten dieses Wissen mit euch teilen.

Uns geht es nicht darum, Euch die "richtige" Lösung für ein Vorstellungsgespräch zu geben. Die gibt es leider nicht. Aber wir möchten Euch helfen, Euch am Tag des Interviews in Eurer besten Form zu präsentieren. Und dafür muss man sich vorbereiten. Einen Marathon läuft man schließlich auch nicht unvorbereitet. Für die optimale Vorbereitung haben wir in unseren Büchern und auf unserer Website ein umfassendes Training zusammengestellt.

Vielen Dank, dass du dich mit der Interview Academy auf dein Vorstellungsgespräch vorbereitest.

Wir wünschen dir für dein Bewerbungsgespräch viel Erfolg!

Dein Interview Academy Team
www.InterviewAcademy.de

Dir hat dieses Buch gefallen?

Dann helfe anderen in deiner Situation bei der Auswahl eines geeigneten Vorbereitungsbuchs. Auch ich als Autor freue mich sehr über ehrliches Feedback. Positiv oder negativ, es hilft mir dieses Buch weiter zu verbessern und auf Basis der Anregungen in Zukunft zu erweitern. Und über positive Rückmeldungen freue ich mich natürlich besonders, denn sie machen Mut, dass dir mein Ratgeber bei deiner Bewerbungsgespräch Vorbereitung geholfen hat.

Bitte schenke mir 1-2 Minuten deiner Zeit und hinterlasse ein Feedback zum Buch auf Amazon.de.

Vielen Dank!

Ähnliche Bücher, die dir gefallen könnten:

Impressum und Rechtliche Hinweise

Impressum:

Die Interview Academy ist eine Marke der MarketMatch Marketing Dienstleistungen

vertreten durch Herrn Tobias Meier
Heckenweg 1
49170 Hagen
E-Mail: info@interviewacademy.de

Rechtliche Hinweise:

Der Inhalt dieses Buches und die Tipps und Vorbereitungen sind von uns sorgfältig ausgewählt und geprüft worden. Dennoch können wir keine Garantie für ein erfolgreiches Vorstellungsgespräch oder für die Richtigkeit der Lösungsansätze in der jeweiligen Situation geben. Die Interview Academy, MarketMatch und unsere Teams übernehmen daher keine Haftung für Personen-, Sach- oder Vermögensschäden.

Stilistische Hinweise:

Aus Gründen der leichteren Lesbarkeit verwenden wir an vielen Stellen nur die männliche oder nur die weibliche Form. Selbstverständlich sind immer alle Leserinnen und Leser gemeint.

13468414R00065

Printed in Poland
by Amazon Fulfillment
Poland Sp. z o.o., Wrocław